Systemkonzept für ein selbstorganisierendes zellulares Mobilfunknetz

AF547760

Systemkonzept für ein selbstorganisierendes zellulares Mobilfunknetz

Vom Promotionsausschuss der
Technischen Universität Hamburg-Harburg
zur Erlangung des akademischen Grades
Doktor-Ingenieur (Dr.-Ing.)
genehmigte

DISSERTATION

von

Christian Fellenberg

aus

Hamburg

2012

Bibliografische Information der Deutschen Nationalbibliothek
Die Deutsche Nationalbibliothek verzeichnet diese Publikation in der Deutschen Nationalbibliografie; detaillierte bibliografische Daten sind im Internet über http://dnb.d-nb.de abrufbar.
1. Aufl. - Göttingen : Cuvillier, 2012
Zugl.: (TU) Hamburg-Harburg, Univ., Diss., 2012

978-3-95404-114-5

1. Gutachter: Prof. Dr. Hermann Rohling
2. Gutachter: Prof. Dr.-Ing. habil. Udo Zölzer

Tag der mündlichen Prüfung: 20. April 2012

© CUVILLIER VERLAG, Göttingen 2012
Nonnenstieg 8, 37075 Göttingen
Telefon: 0551-54724-0
Telefax: 0551-54724-21
www.cuvillier.de

Alle Rechte vorbehalten. Ohne ausdrückliche Genehmigung des Verlages ist es nicht gestattet, das Buch oder Teile daraus auf fotomechanischem Weg (Fotokopie, Mikrokopie) zu vervielfältigen.
1. Auflage, 2012
Gedruckt auf säurefreiem Papier

978-3-95404-114-5

Vorwort

Die vorliegende Arbeit entstand während meiner Tätigkeit als wissenschaftlicher Mitarbeiter am Institut für Nachrichtentechnik der Technischen Universität Hamburg-Harburg. An erster Stelle bedanke ich mich bei Prof. Dr. Hermann Rohling für die Betreuung meiner wissenschaftlichen Arbeit sowie den fruchtbaren Diskussionen und Anregungen. Weiterhin danke ich Prof. Dr. Udo Zölzer für das Zweitgutachten und Prof. Dr. Ernst Brinkmeyer für den Vorsitz der Prüfungskommission.

Für die harmonische Atmosphäre und Zusammenarbeit während meiner Zeit am Institut bedanke ich mich bei meinen Kollegen. Ein ganz besonderer Dank gilt dabei Dr. Rainer Grünheid für die hilfreichen Diskussionen bezüglich diverser Themen dieser Arbeit. Zudem danke ich Lena Sandmann für die Mithilfe bei der Entwicklung der Simulationsumgebung.

Meiner Familie danke ich für die Unterstützung während meines bisherigen Werdegangs. Ebenfalls ein ganz besonderer Dank gilt meiner Freundin Mandy für Ihre Geduld bei der Fertigstellung meiner Arbeit und Ihren Ratschlägen in grafischer Hinsicht.

München, Mai 2012

Christian Fellenberg

Inhaltsverzeichnis

1 Einleitung

Zukünftige Mobilfunknetze werden eine große Anzahl unterschiedlicher Dienste anbieten. Dies spiegelt sich auch in der Entwicklung der Mobilfunkstandards wider. Während sich der Mobilfunkstandard GSM im Wesentlichen auf die Sprachübertragung konzentriert, stehen unterschiedliche und auch hochratige Datendienste bei dem aktuellen Standard Long Term Evolution (LTE) im Vordergrund. Diese Dienste variieren in den sogenannten Quality of Service (QoS) Parametern wie der Datenrate, der zulässigen Verzögerung und der geforderten Paketfehlerrate. Aus diesem Grund muss die Forderung nach hoher Flexibilität und Adaptivität bereits beim Systementwurf berücksichtigt werden.

In dieser Arbeit wird ein Systemvorschlag für ein zellulares Mobilfunknetz entwickelt und die resultierende Leistungsfähigkeit durch modellhafte Betrachtungen quantitativ untersucht. Eine wichtige grundsätzliche Systemeigenschaft besteht darin, dass die zellulare Umgebung durch ein Gleichwellennetz mit einer adaptiven sowie selbstorganisierenden Zeit- und Trägersynchronisation beschrieben wird. Dadurch können Ressourcen sehr flexibel zwischen benachbarten Basisstationen ausgetauscht und Interzellinterferenzen gering gehalten werden. Für den Systementwurf werden zusätzlich drei wichtige Komponenten betrachtet:

- In der Modulationstechnik wird die Orthogonal Frequency Division Multiplexing (OFDM) Übertragungstechnik vorgeschlagen.
- In jeder Basisstation werden mehrere und in der Mobilstation (MT) jeweils eine Sende- / Empfangsantenne eingesetzt.
- Für die Ressourcenvergabe innerhalb einer Zelle wird ein selbstorganisierender Ansatz verfolgt.

Die OFDM Übertragungstechnik bietet die geforderte Flexibilität und Adaptivität in Bezug auf den frequenzselektiven und zeitvarianten Funkkanal. Bei dieser Technik wird die gesamte Bandbreite in Schmalbandkanäle unterteilt, die sogenannten Subträger. Den MTs werden dabei Ressourcen zugeordnet, die im Folgenden als Zeit-Frequenzblöcke bezeichnet werden und die aus mehreren OFDM-Symbolen und mehreren Subträgern bestehen. Mit der Kanalkenntnis in den Basisstationen über sämtliche im Versorgungsbereich befindlichen MTs kann die Ressourcenzuteilung somit sehr flexibel und effizient umgesetzt werden.

Weiterhin kann die Systemflexibilität durch den zusätzlichen Einsatz von mehreren Sendeantennen in der Basisstation erhöht werden. Dadurch wird eine Versorgung mehrerer MTs auf dem gleichen Zeit-Frequenzblock ermöglicht. Die beim Vielfachzugriff zur Verfügung stehenden Ressourcen beziehen sich in diesem Fall auf Zeit-Frequenz-Raumblöcke. Mit dieser Technik kann, bei gleichzeitig hoher Wiederverwendung der verfügbaren Ressourcen innerhalb des zellularen Netzes, die resultierende Datenrate wesentlich erhöht werden.

Die Aufteilung der im gesamten Netz verfügbaren Ressourcen unter den Basisstationen stellt einen weiteren wichtigen Aspekt für den Systementwurf dar. Für eine effiziente Nutzung der Ressourcen ist es unabdingbar, dass dieselben Zeit-Frequenzblöcke von unterschiedlichen Basisstationen genutzt werden können, sofern diese sich nicht oder nur gering gegenseitig beeinträchtigen. Bei klassischen Netzplanungstechniken werden die Ressourcen von vornherein exklusiv und weitestgehend interferenzfrei an die Basisstationen vergeben, ohne dass die momentane Nutzerverteilung innerhalb der zellularen Umgebung mit einbezogen wird. Im Gegensatz dazu wird in dieser Arbeit ein Gleichwellennetz betrachtet, bei dem sämtliche Basisstationen über die gesamte Systembandbreite verfügen. Das Gleichwellennetz ist deshalb in der Lage, die Ressourcen dort zur Verfügung zu stellen, wo sie benötigt werden. Dies ist eine sehr vorteilhafte Systemeigenschaft, sofern in der zellularen Umgebung eine ungleichmäßige Nutzerverteilung vorliegt.

Um Störungen in dem selbstorganisierenden Netz von benachbarten Zellen zu vermeiden, wird die Ressourcenvergabe bei dem vorgeschlagenen Systemkonzept auf Basis von Interferenzmessungen durchgeführt. Zu diesem Zweck führt jede Basisstation kontinuierlich Messungen der Interferenzleistung auf den Zeit-Frequenz-Raumblöcken durch. Das MT, welches neue Ressourcen anfordert, vermisst ebenfalls die Interferenzleistung auf den Zeit-Frequenzblöcken und signalisiert das Messergebnis an die Basisstation. Anhand dieser Informationen werden jedem MT individuelle Ressourcen von der jeweils zuständigen Basisstation zugeteilt, die geringe

Interferenzleistungen aufweisen. Grundvoraussetzung dafür ist, dass sämtliche Basisstationen und MTs in einem OFDM basierten System zeit- und trägersynchronisiert sind. Im Falle von Nachbarzellstörungen beeinträchtigen diese Interferenzen somit nicht das gesamte Spektrum, sondern lediglich den jeweiligen Subträger.

In diesem selbstorganisierenden Ansatz tauschen die Basisstationen keine Informationen über das kabelgebundene Basisnetz aus. Im Gegensatz dazu erfordert der aktuelle Standard LTE einen hohen Signalisierungsaufwand innerhalb des Kernnetzes. Neben der geringeren Komplexität für das Kernnetz sind solche selbstorganisierenden Systeme auch ohne großen Aufwand durch weitere Funkzellen erweiterbar. Die Basisstationen erfüllen für die höheren Protokollschichten weitestgehend die Aufgabe von WLAN Access Points, weswegen Szenarien wie Handover unter Einhaltung der QoS-Anforderungen schwer zu realisieren sind. Daher werden in dieser Arbeit ausschließlich Szenarien herangezogen, in denen sich die MTs mit geringer Geschwindigkeit fortbewegen und sich somit während der Übertragungszeit innerhalb einer Zelle aufhalten.

Die Arbeit gliedert sich wie folgt: In Kapitel 2 wird auf den Mobilfunkkanal eingegangen, welcher die Randbedingungen für drahtlose Kommunikationssysteme vorgibt. Die OFDM-Übertragungstechnik und die Mehrantennensysteme werden in Kapitel 3 und 4 behandelt. Kapitel 5 diskutiert die Versorgung mehrerer Nutzer auf einem Zeit-Frequenzblock mit Hilfe von Beamforming-Techniken und behandelt die Frage der Gruppierung von Nutzern. Der Aspekt der Ressourcenvergabe innerhalb einer Zelle wird in Kapitel 6 erörtert. Für die Ressourcenvergabe werden Algorithmen betrachtet, die sowohl die Kenntnis der physikalischen Schicht als auch der Data Link Control Schicht mit einbeziehen. Kapitel 7 stellt das Systemkonzept vor und analysiert wichtige Einflussgrößen auf die Auslegung des Systems. Die quantitative Auswertung des Systemkonzepts erfolgt in Kapitel 8 und die wichtigsten Ergebnisse dieser Arbeit sind in Kapitel 9 zusammengefasst.

II

Mobilfunkkanal

Der Mobilfunkkanal gibt die Randbedingungen für ein drahtloses Kommunikationssystem vor. Zur Bewertung der einzelnen Komponenten eines Übertragungssystems, wie z.B. Modulation, Codierung und Mehrantennentechniken, werden im Allgemeinen Monte-Carlo-Simulationen durchgeführt. Daher ist die Abbildung des Kanals in einem Modell von entscheidender Bedeutung für die Auswertung. Im Rahmen dieser Ausarbeitung wird im Wesentlichen das Kanalmodell gemäß WINNER betrachtet [WIN05]. WINNER ist eine Arbeitsgemeinschaft unter der Leitung von Nokia Siemens Networks, deren Ziel die Steigerung der Leistungsfähigkeit von Mobilfunksystemen ist. Unter anderem werden in WINNER Szenarien definiert, die zukünftige Anforderungen an Mobilfunksysteme abbilden. Insbesondere die Korrelation der Kanäle in Mehrantennensystemen von einem MT zur Basisstation hat einen maßgeblichen Einfluss auf die Performanz. In WINNER wurden daher Mobilfunkkanäle in diversen Umgebungen vermessen, um anhand dessen stochastische Kanalmodelle zu entwerfen. Diese erlauben die quantitative Bewertung von Systemen und Algorithmen in realen Szenarien. Die in dieser Arbeit analysierten Szenarien beschränken sich auf die ländliche und städtische Umgebung für Makrozellen (D1 und C2).

In dem Kanalmodell werden mehrere Cluster von Ausbreitungspfaden nach statistischen Verteilungen ausgewürfelt. Das Empfangssignal setzt sich demzufolge aus der Superposition der Signale von unterschiedlichen Ausbreitungspfaden zusammen. Dies ist schematisch anhand zweier Cluster in Abbildung 2.1 für den Kanal zwischen einer Basisstation, ausgestattet mit einem linearen Antennenarray (Uniform Linear Antenna Array - ULA), und einem MT dargestellt. In Abhängigkeit des Szenarios können zudem line-of-sight (LOS) Pfade auftreten. Ein wichtiger Punkt für die Simulation besteht in einer handhabbaren Komplexität des Kanalmodells. Aus diesem Grund werden zeitliche Kanalsegmente definiert, in denen sich die sogenannten Langzeitparameter nicht ändern.

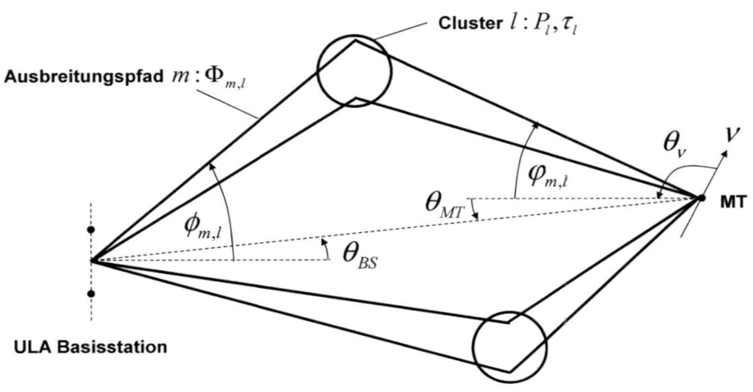

Abbildung 2.1: Kanalmodell nach WINNER

Zu den Langzeitparametern gehören:

- Pfaddämpfung A
- Shadow-Fading σ_{SF}
- Laufzeitverzögerung τ_l
- Abstrahl- und Einfallswinkel $\phi_{m,l}$, $\varphi_{m,l}$

Die Pfaddämpfung beschreibt die Dämpfung des Sendesignals auf Grund der Distanz zwischen Basisstation und dem MT. Schwund, der durch Reflexion, Brechung, Streuung und Beugung an Objekten entlang der Ausbreitungspfade hervorgerufen wird, ist durch das Shadow-Fading abgebildet. Zudem weisen alle Ausbreitungspfade unterschiedliche Laufzeitverzögerungen sowie Abstrahl- und Einfallswinkel auf.

Innerhalb eines Kanalsegments wird darüber hinaus Fast-Fading und frequenzselektives Fading beobachtet. Verbunden mit den Laufzeitverzögerungen und der Abschattung überlagern sich die Empfangssignale von unterschiedlichen Ausbreitungspfaden im Empfänger phasenverschoben. Diese Phasenverschiebung ist sowohl von der Frequenz abhängig als auch von der Zeit und resultiert in konstruktiver oder destruktiver Interferenz. In Abbildung 2.2 ist exemplarisch eine zeitvariante Kanalübertragungsfunktion für ein MT in städtischer Umgebung (C2) mit einer Geschwindigkeit von 5 km/h und einer Trägerfrequenz von 5 GHz dargestellt. Die wesentlichen Parameter für das Kanalmodell sind in Tabelle 2.1 zusammengefasst.

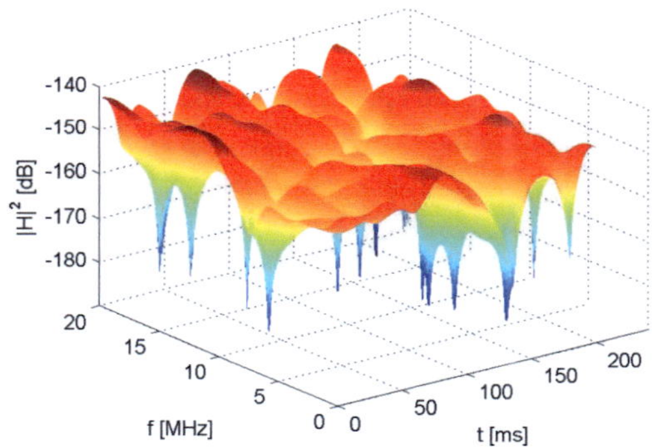

Abbildung 2.2: Zeitvariante und frequenzselektive Kanalübertragungsfunktion, Geschwindigkeit: 5 km/h, Trägerfrequenz: 5 GHz

Die Pfaddämpfung in Abhängigkeit der Distanz fließt direkt in die Leistung aller Ausbreitungspfade ein. Mit diesen Parametern berechnet sich die Impulsantwort zwischen dem MT und dem Antennenelement s der Basisstation nach Gleichung (2-1). Für das MT wird dabei lediglich eine Antenne ohne Antennengewinn angenommen.

$$h_s(t,\tau) = \sum_{l=1}^{L} \sqrt{P_l \sigma_{\mathrm{SF}}} \sum_{m=1}^{M} \begin{pmatrix} \sqrt{G_t(\phi_{m,l})} e^{j\left(\frac{2\pi}{\lambda} sd \sin(\phi_{m,l}) + \Phi_{m,l}\right)} \cdot \\ e^{j\frac{2\pi}{\lambda} |\vec{v}| \cos(\varphi_{m,l} - \theta_v) t} \end{pmatrix} \delta(\tau - \tau_l) \qquad (2\text{-}1)$$

Im Falle eines LOS-Pfades wird Gleichung (2-2) für die Berechnung der Impulsantwort herangezogen.

$$h_{s,\mathrm{LOS}}(t,\tau) = \sqrt{\frac{1}{K+1}} h_s(t,\tau) + \sqrt{\frac{\sigma_{\mathrm{SF}} K}{K+1}} \begin{pmatrix} \sqrt{G_t(\theta_{\mathrm{BS}})} e^{j\frac{2\pi}{\lambda} sd \sin(\theta_{\mathrm{BS}})} \cdot \\ e^{j\frac{2\pi}{\lambda}|\vec{v}| \cos(\theta_{\mathrm{MT}}-\theta_v)t} \end{pmatrix} \delta(\tau - \tau_{\mathrm{LOS}}) \tag{2-2}$$

Tabelle 2.1: Parameter des Kanalmodells

A	Pfaddämpfung in Abhängigkeit der Distanz d: $A[\mathrm{dB}] = a \cdot \log_{10}(d[\mathrm{m}]) + b$
σ_{SF}	Schwund durch Abschattung
l	Index des Clusters
m	Index des Ausbreitungspfades
P_l	Leistung des l-ten Clusters
τ_l	Laufzeitverzögerung
$\phi_{m,l}$, $\varphi_{m,l}$	Abstrahl-, Einfallswinkel
$\Phi_{m,l}$	Phasendrehung des Ausbreitungspfades
θ_{BS}, θ_{MT}	Abstrahl-, Einfallswinkel des LOS -Pfades
$G_t(\phi)$	Antennengewinn einer Antenne der Basisstation
λ	Wellenlänge
d	Abstand zwischen benachbarten Antennenelementen
$\vec{v}$	Geschwindigkeitsvektor des MTs
θ_v	Winkel des Geschwindigkeitsvektors
K	Rice-Faktor

2.1 Kreuzkorrelation der Langzeitparameter

Abgesehen von der Pfaddämpfung werden die Langzeitparameter per Zufallsvariable modelliert, deren Verteilungsfunktion anhand von Messungen ermittelt wurde [WIN05]. Darüber hinaus wurden Korrelationen zwischen den Langzeitparametern eines Kanals festgestellt. So resultiert beispielsweise eine große Streuung der Laufzeitverzögerung in einer großen Streuung des Einfallswinkels. Interessanterweise geht jedoch ein höheres Shadow-Fading mit einer geringeren Streuung der Laufzeitverzögerung einher. Die Korrelation zwischen diesen Parametern wird mit $\rho_{x,y}$ angegeben, wobei x und y die jeweiligen Parameter repräsentieren (siehe Tabelle 2.2). Diese Korrelationen beziehen sich auf die Verbindung zwischen einer Basisstation und einem MT. Darüber hinaus können auch Korrelationen der Langzeitparameter mehrerer MTs zu einer Basisstation (Abbildung 2.3 (a)) oder eines MTs zu mehreren Basisstationen (Abbildung 2.3 (b)) beobachtet werden.

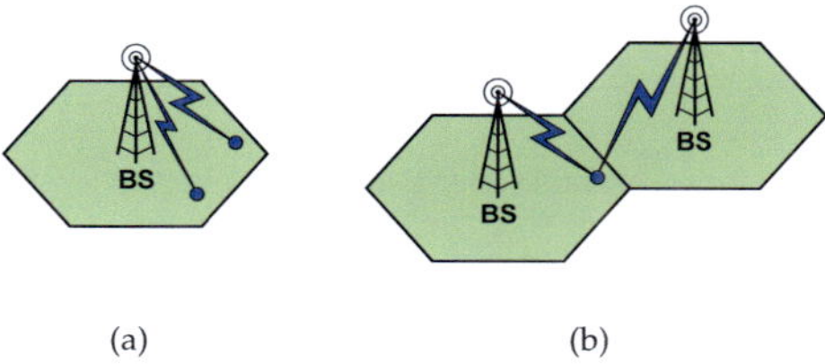

(a) (b)

Abbildung 2.3: Korrelation der Langzeitparameter von mehreren Kanälen

Die Korrelationen dieser Langzeitparameter sind auf Objekte in der direkten Umgebung der MTs und der Basisstationen zurückzuführen. Während der erste Fall aus Gründen der Komplexität nicht in das verwendete Kanalmodell einfließt, wird für den zweiten Fall eine Korrelation der Langzeitparameter analog zu [3GP07] angenommen. Diese beschränkt sich auf die Korrelation ζ des Shadow-Fadings. Die Streuung der Zufallsvariablen von Shadow-Fading, Laufzeitverzögerung und Abstrahl- sowie Einfallswinkel wird als Funktion von korrelierten Gaußschen Zufallsvariablen κ_i bestimmt.

$$
\begin{aligned}
\sigma_\tau &= 10^{\varepsilon_\tau \cdot \kappa_\tau + \mu_\tau} \\
\sigma_\phi &= 10^{\varepsilon_\phi \cdot \kappa_\phi + \mu_\phi} \\
\sigma_\varphi &= 10^{\varepsilon_\varphi \cdot \kappa_\varphi + \mu_\varphi} \\
\sigma_{\mathrm{SF}} &= 10^{\sigma_{\mathrm{SF,dB}} \cdot \kappa_{\mathrm{SF}} / 10}
\end{aligned}
$$

In [WIN05] wurden die Parameter ε_i und μ_i anhand von Kanalmessungen bestimmt. Die korrelierten Gaußschen Zufallsvariablen κ_i werden mittels unkorrelierter Gaußscher Zufallsvariablen w_i und ζ gemäß Gleichung (2-3) erzeugt.

$$
\begin{pmatrix} \kappa_\tau \\ \kappa_\phi \\ \kappa_\varphi \\ \kappa_{\mathrm{SF}} \end{pmatrix} = \begin{pmatrix} 1 & \rho_{\tau,\phi} & \rho_{\tau,\varphi} & \rho_{\tau,\mathrm{SF}} \\ \rho_{\tau,\phi} & 1 & \rho_{\phi,\varphi} & \rho_{\phi,\mathrm{SF}} \\ \rho_{\tau,\varphi} & \rho_{\phi,\varphi} & 1 & \rho_{\varphi,\mathrm{SF}} \\ \rho_{\tau,\mathrm{SF}} & \rho_{\phi,\mathrm{SF}} & \rho_{\varphi,\mathrm{SF}} & 1-\xi \end{pmatrix}^{1/2} \cdot \begin{pmatrix} w_1 \\ w_2 \\ w_3 \\ w_4 \end{pmatrix} + \begin{pmatrix} 0 \\ 0 \\ 0 \\ \sqrt{\xi}\zeta \end{pmatrix} \tag{2-3}
$$

Die Zufallsvariable ζ repräsentiert die Korrelation des Shadow-Fadings und wird pro Kanalsegment einmalig für alle Kanäle eines MTs gewürfelt. Alle weiteren Zufallsvariablen w_i werden unabhängig für jeden Kanal ausgewürfelt. Die Werte der Korrelationen sind in Tabelle 2.2 für die betrachteten Kanalmodelle angegeben.

Tabelle 2.2: Korrelation der Langzeitparameter

Korrelation	C2	D1	
	NLOS	LOS	NLOS
$\rho_{\tau,\phi}$	0.4	-0.1	-0.4
$\rho_{\tau,\varphi}$	0.6	0.2	0.1
$\rho_{\phi,\varphi}$	0.4	-0.3	-0.2
$\rho_{\tau,\mathrm{SF}}$	-0.4	-0.5	-0.5
$\rho_{\phi,\mathrm{SF}}$	-0.6	0.2	0.6
$\rho_{\varphi,\mathrm{SF}}$	-0.3	-0.2	0.1
ξ	0.5	0.5	0.5

2.2 Zeitvarianter Kanal

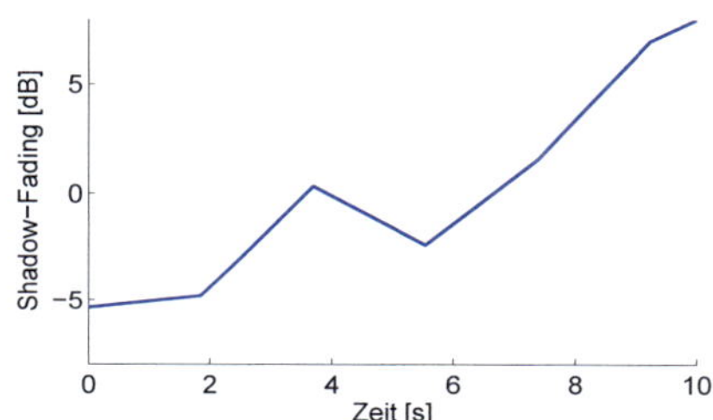

Abbildung 2.4: Zeitlicher Verlauf des Shadow-Fadings

Die zeitliche Änderung des Kanals wird hervorgerufen durch die Bewegung des MTs und den daraus resultierenden Dopplerfrequenzen. Diese sind bereits in der Berechnung der Impulsantwort (Gleichung 2-1 und 2-2) berücksichtigt Zudem werden Änderungen des Kanals durch das Hinzukommen bzw. den Wegfall von Ausbreitungspfaden beobachtet. Für das Kanalmodell ist hierbei zu beachten, dass sich die Varianz der Zufallsvariablen von Langzeitparametern in Abhängigkeit der Position des MTs ändert. Messungen hinsichtlich dieser Änderungen haben ergeben [WIN07], dass die Varianzen der einzelnen Parameter räumlich korreliert sind. Diese Korrelation nimmt exponentiell mit der Distanz d zwischen zwei Positionen ab. Für den Langzeitparameter i ergibt sich zum Zeitpunkt n die dazugehörige Zufallsvariable $w_{i,n}$ durch die Zufallsvariable w_i und die Zufallsvariable $w_{i,n-1}$ zum Zeitpunkt $n-1$ gemäß Gleichung (2-4).

$$w_{i,n} = e^{\frac{-d}{\Delta_i}} \cdot w_{i,n-1} + \sqrt{1 - \left(e^{\frac{-d}{\Delta_i}}\right)^2} \cdot w_i \tag{2-4}$$

Der Parameter Δ_i steht hierbei für die Korrelation hinsichtlich der Distanz (Tabelle 2.3). Für das Shadow-Fading ergibt sich in städtischer Umgebung (C2) bei einer Geschwindigkeit von $v = 5\,\mathrm{km/h}$ des MTs und einer Trägerfrequenz von 5 GHz der beispielhafte Verlauf in Abbildung 2.4, wobei $\Delta_{\mathrm{SF}} = 50\,\mathrm{m}$ beträgt.

Tabelle 2.3: Korrelation der Langzeitparameter in Abhängigkeit der Distanz

Korrelation	C2	D1	
	NLOS	LOS	NLOS
Δ_τ	40 m	64 m	36 m
Δ_ϕ	50 m	25 m	30 m
Δ_φ	50 m	40 m	40 m
Δ_{SF}	50 m	40 m	120 m
Δ_K	-	40 m	-

Für die Distanz d zwischen zwei Positionen des MTs wurde dabei eine Korrelation von 95% angenommen, wodurch das Shadow-Fading jeweils nach T_K Zeiteinheiten aktualisiert wird.

$$T_K = \frac{d}{v} = \frac{-\Delta_{SF} \cdot \log(0,95)}{\frac{5}{3,6}\,\mathrm{m/s}} = 1,8466\,\mathrm{s}$$

In diesem Kanalmodell werden in Abhängigkeit der alten und neuen Position eines MTs die Varianzen der Zufallsvariablen ermittelt. Anhand der Verteilungsfunktionen werden das Shadow-Fading, die Laufzeitverzögerungen und die Abstrahl- sowie Einfallswinkel ausgewürfelt, so dass zwei Kanalrealisierungen mit unterschiedlichen Ausbreitungspfaden bestimmt sind. Der Übergang zwischen diesen Kanälen wird durch den sukzessiven Austausch eines alten Clusters durch den eines neuen

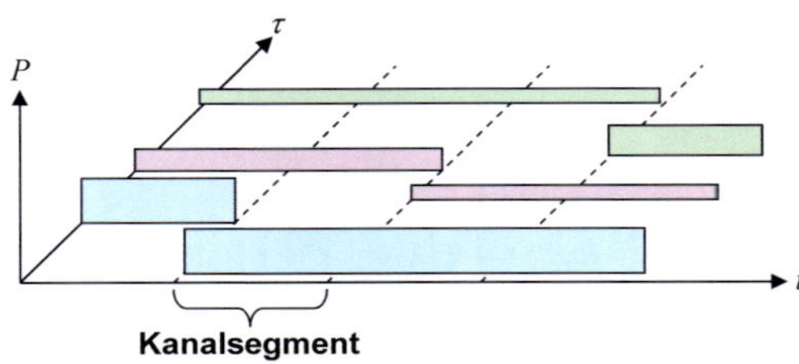

Abbildung 2.5: Austausch der Cluster zwischen den Kanalsegmenten

Clusters vorgenommen. Mit anderen Worten, der Weg zwischen der alten und der neuen Position wird in Kanalsegmente unterteilt, die sich von benachbarten lediglich in einem Cluster von Ausbreitungspfaden unterscheiden. Die Anzahl der Kanalsegmente entspricht folglich der Anzahl von Clustern. Im Gegensatz zu [WIN07] wird vereinfachend angenommen, dass kein weicher Übergang bei dem Austausch der Cluster berechnet wird (Abbildung 2.5).

III OFDM-Übertragungstechnik

Im vorangegangenen Kapitel wurde auf die Mehrwegeausbreitung des Sendesignals eingegangen. Die resultierenden Laufzeitunterschiede bewirken, dass bei einer kurzen Symboldauer viele Symbole interferieren. Die Entzerrung des Empfangssignals erfordert dementsprechend einen hohen Aufwand. Eine Verlängerung der Symboldauer verringert die Komplexität des Entzerrers, geht jedoch mit einer geringeren Datenrate einher. Um bei langen Symboldauern trotzdem hohe Datenraten erzielen zu können, ist die gleichzeitige Übertragung mehrerer Symbole erforderlich. Eine sehr effiziente Technik, Symbole parallel zu übertragen, wird durch die Orthogonal Frequency Division Multiplexing (OFDM) Technik umgesetzt. Durch die Verwendung eines Guard-Intervalls können Intersymbolinterferenzen sogar komplett vermieden werden. Die Detektion eines einzelnen Symbols aus der Superposition aller gesendeten Symbole wird durch Verwendung von orthogonalen Sendesignalen ermöglicht. Damit diese auch im Empfänger die Eigenschaft der Orthogonalität aufweisen, wird auf Eigenfunktionen des Kanals zurückgegriffen, welcher für kurze Zeitspannen näherungsweise als LTI-System betrachten werden kann. Bei der OFDM-Übertragungstechnik werden orthogonale Sendesignale eingesetzt, die sich hinsichtlich der Frequenz unterscheiden. Diese werden im Folgenden als Subträger bezeichnet.

3.1 Grundlagen

Das OFDM-Symbol setzt sich aus der Überlagerung von N orthogonalen Sendesignalen zusammen, welche mittels rechteckförmigem Impulsformfilter zeitlich begrenzt werden.

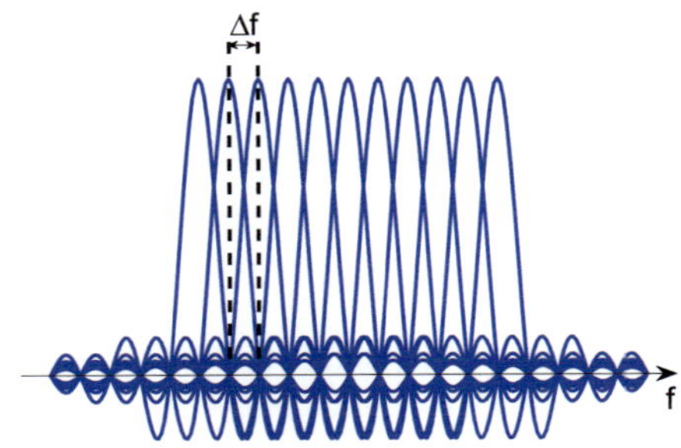

Abbildung 3.1: Spektren der Subträger eines OFDM-Symbols

Mit der Symboldauer T berechnet sich dementsprechend das i-te OFDM-Symbol gemäß Gleichung (3-1),

$$s_i(t) = \frac{1}{\sqrt{N}} \sum_{k=0}^{N-1} S_{i,k} \cdot e^{j2\pi k \Delta f t} \cdot rect\left(\frac{t - iT}{T}\right) \tag{3-1}$$

wobei $S_{i,k}$ das Modulationssymbol auf dem k-ten Subträger ist und Δf den Subträgerabstand bezeichnet. Für das Spektrum eines Subträgers ergibt sich auf Grund der Pulsformung ein si-förmiger Verlauf.

$$e^{j2\pi k \Delta f t} \cdot rect\left(\frac{t}{T}\right) \circ\!\!-\!\!\bullet T \cdot si\left(\pi T(f - k\Delta f)\right)$$

Interferenzen zwischen den Subträgern werden für einen Subträgerabstand von

$$\Delta f = \frac{1}{T}$$

vollständig vermieden. In Abbildung 3.1 sind die Spektren der Subträger eines OFDM-Symbols für $\Delta f = 1/T$ dargestellt.

Das Empfangssignal $r_i(t)$ ergibt sich aus der Faltung des Sendesignals $s_i(t)$ mit der Impulsantwort des Kanals $h(t)$, welches mit weißem Gaußschen Rauschen (AWGN) $n_i(t)$ überlagert ist.

$$r_i(t) = s_i(t) * h(t) + n_i(t)$$

Durch die Verwendung eines Guard-Intervalls können Interferenzen zwischen benachbarten Symbolen komplett unterdrückt werden. Dafür wird ein zyklisches Präfix jedem OFDM-Symbol hinzugefügt, so dass sich eine Symboldauer von $T + T_G$ ergibt. Das zyklische Präfix entspricht dabei einer periodischen Wiederholung des OFDM-Symbols, wobei die Dauer des Guard-Intervalls T_G größer als der maximale Laufzeitunterschied $\tau_{\max}$ des Kanals gewählt wird.

$$T_G \geq \tau_{\max}$$

Mittels zeitlicher Fensterung kann im Empfänger somit die Superposition der Empfangssignale eines OFDM-Symbols extrahiert werden, ohne dass diese von benachbarten OFDM-Symbolen gestört werden.

3.2 Zeitdiskretes OFDM-Symbol

Für die Berechnung eines OFDM-Symbols werden digitale Signalprozessoren eingesetzt, weswegen im Folgenden zeitdiskrete Signale betrachtet werden. Durch Abtastung des zeitkontinuierlichen Signals $s_i(t)$ zu den Zeitpunkten $n\frac{T}{N}$ ergibt sich das zeitdiskrete Sendesignal $s_{i,n}$ des i-ten OFDM-Symbols.

$$\begin{aligned} s_{i,n} &= s_i\left(n\frac{T}{N}\right) = \frac{1}{\sqrt{N}} \sum_{k=0}^{N-1} S_{i,k} \cdot e^{j2\pi k \frac{1}{T} n \frac{T}{N}} \\ &= \frac{1}{\sqrt{N}} \sum_{k=0}^{N-1} S_{i,k} \cdot e^{j2\pi \frac{nk}{N}} \end{aligned}$$

Das zeitdiskrete OFDM-Symbol wird folglich durch die Inverse Diskrete Fourier-Transformation (IDFT) der Modulationssymbole $S_{i,k}$ bestimmt, die in Hardware effizient durch die Inverse Fast Fourier-Transformation (IFFT) realisiert werden kann. Die Empfangssymbole $R_{i,k}$ ergeben sich dementsprechend durch die Diskrete

Fourier-Transformation (DFT) bzw. Fast Fourier-Transformation (FFT) des abgetasteten Empfangssignals $r_{i,n}$,

$$R_{i,k} = \frac{1}{\sqrt{N}} \sum_{n=0}^{N-1} r_{i,n} \cdot e^{-j2\pi \frac{nk}{N}}$$

wobei sich $r_{i,n}$ nach folgender Formel berechnet:

$$r_{i,n} = s_{i,n} * h_{i,n} + n_{i,n}$$

Die Dauer T des OFDM-Symbols wird derart dimensioniert, dass die Bedingung eines Schmalbandkanals ($T \gg \tau_{max}$) für die einzelnen Subträger erfüllt ist. Die Übertragungsfunktion innerhalb des Subträgerabstands Δf kann daher als konstant angesehen werden. Mathematisch lässt sich das Empfangssymbol $R_{i,k}$ somit durch Multiplikation des Sendesymbols $S_{i,k}$ mit dem komplexen Übertragungsfaktor $H_{i,k}$ des Kanals und additivem weißen Gaußschen Rauschen ausdrücken.

$$R_{i,k} = S_{i,k} \cdot H_{i,k} + N_{i,k}$$

3.3 *Übertragungsstrecke*

In Abbildung 3.2 ist die Übertragungsstrecke eines OFDM-Systems dargestellt. Für die Eingangsbits wird maximale Entropie angenommen, d.h. es wird von idealer Quellencodierung ausgegangen. Im ersten Schritt werden im Sender die Eingangsbits zwecks Fehlerkorrektur codiert. Im zweiten Schritt werden die codierten Bits moduliert und den Subträgern zugeordnet ($S_{i,k}$). Mittels IFFT wird das zeitdiskrete OFDM-Symbol $s_{i,n}$ berechnet und mit einem Guard-Intervall versehen. Das zeitkontinuierliche Sendesignal wird schließlich mit einem Digital-Analog-Wandler erzeugt.

Im Empfänger wird das Empfangssignal abgetastet und via Fensterung das Guard-Intervall entfernt. Durch Berechnung der FFT werden die Empfangssymbole $R_{i,k}$ auf den einzelnen Subträgern bestimmt. Mit bekanntem Übertragungsfaktor $H_{i,k}$ kann das gesendete Modulationssymbol $S_{i,k}$ detektiert werden. Die Entzerrung der Sendesignale auf einem Subträger beschränkt sich auf die Multiplikationen mit einem komplexen Faktor $H_{i,k}^{-1}$.

$$\tilde{S}_{i,k} = \frac{R_{i,k}}{H_{i,k}} = S_{i,k} + \frac{N_{i,k}}{H_{i,k}} \backsimeq S_{i,k}$$

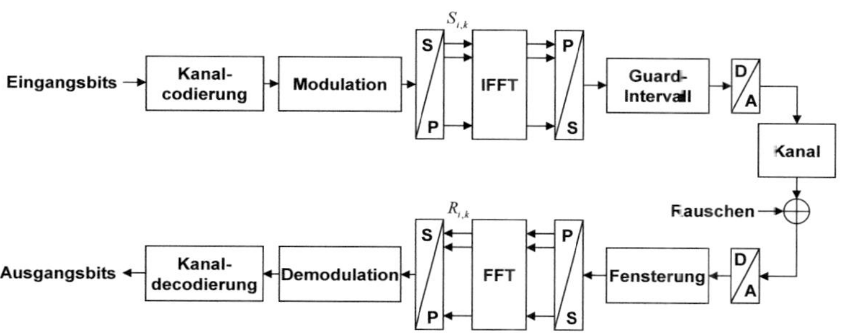

Abbildung 3.2: OFDM-Übertragungsstrecke

3.4 Systementwurf

Die Symboldauer des OFDM-Symbols muss hinreichend kurz gewählt werden, damit der Kanal näherungsweise ein LTI-System darstellt. Die Kohärenzzeit T_C ist ein Maß für die Zeitvarianz des Kanals und wird daher für den Systementwurf herangezogen. Diese lässt sich durch die maximale Dopplerfrequenz $f_{D,\max}$ abschätzen.

$$T_C \backsimeq \frac{1}{f_{D,\max}}$$

Weiterhin wurde bereits auf das Guard-Intervall eingegangen, wodurch sich eine Symboldauer von $T + T_G$ ergibt. Da das Guard-Intervall nicht für die Übertragung von Daten genutzt wird, ist die Symboldauer T hinreichend lang zu wählen. Als einfache Abschätzung für die Symboldauer T findet daher häufig folgende Gleichung Anwendung:

$$5 \cdot \tau_{max} \leq T \leq \frac{0,03}{f_{D,\max}} \qquad \text{(3-2)}$$

3.5 Kommunikationssysteme

Die bisherige Betrachtung konzentrierte sich auf Verbindungen, bei denen die gesamte Systembandbreite zur Verfügung steht. Dieses Prinzip findet sich in Rundfunksystemen wieder, bei denen dieselbe Information von der Basisstation zu den Nutzern übertragen wird. In Kommunikationssystemen ist demgegenüber die Übertragung individueller Information von der Basisstation an die Nutzer gefordert. Die Systembandbreite muss demzufolge unter den Nutzern aufgeteilt werden. Dadurch ergibt sich jedoch die Möglichkeit, die Verbindung zwischen Basisstation und Nutzer zu vermessen und diese Kenntnis in die Berechnung eines OFDM-Symbols im Sender und Empfänger einfließen zu lassen.

3.5.1 Vielfachzugriffsverfahren

Ein wichtiger Aspekt für Kommunikationssysteme besteht in der Ressourcenaufteilung unter den Teilnehmern. Als Ressourcen stehen bei OFDM-Übertragungssystemen die Subträger und die OFDM-Symbole zur Verfügung. Die Aufteilung der Ressourcen wird durch Vielfachzugriffsverfahren geregelt. Die wichtigsten sind im Folgenden aufgelistet:

- Time Division Multiple Access (TDMA): Die OFDM-Symbole werden unter den Nutzern aufgeteilt.
- Frequency Division Multiple Access (FDMA): Die Subträger werden unter den Nutzern aufgeteilt.
- Code Division Multiple Access (CDMA): Jedem Nutzer wird ein individueller Code aus einer Klasse orthogonaler Codes zugewiesen. Diese Codes werden gleichzeitig auf allen Subträgern übertragen. Der Empfänger ist mit dem entsprechenden Code in der Lage, seine Nutzdaten aus der Superposition aller gesendeten Codes zu extrahieren.

In realen Systemen wird häufig ein hybrider Ansatz dieser Vielfachzugriffsverfahren eingesetzt (z.B. GSM, UMTS). Abbildung 3.3 zeigt die aufgeführten Vielfachzugriffsverfahren für OFDM basierte Übertragungssysteme.
FDMA besitzt gegenüber den anderen Verfahren den Vorteil, dass Mehrnutzerdiversität effizient ausgenutzt werden kann. Aufgrund der Frequenzselektivität der

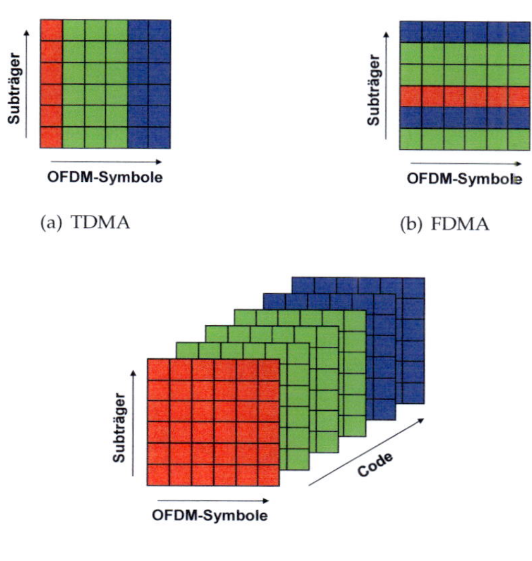

(a) TDMA

(b) FDMA

(c) CDMA

Abbildung 3.3: Vielfachzugriffsverfahren für OFDM basierte Übertragungssysteme

Kanalübertragungsfunktion von Breitbandsystemen wird auf manchen Subträgern konstruktive Interferenz beobachtet und auf anderen destruktive Interferenz. Mit anderen Worten, bestimmte Subträger sind besser für einen Nutzer geeignet als andere. Die Kanäle von der Basisstation zu unterschiedlichen Nutzern sind in der Regel unkorreliert, wodurch sich die Präferenzen für die Subträger unterscheiden. Jedem Nutzer werden also nach Möglichkeit die individuell bevorzugten Subträger zugeteilt. Für das in dieser Arbeit auf vorgestellte OFDM basierte Systemkonzept wird daher FDMA als Vielfachzugriffsverfahren eingesetzt.

3.5.2 Link-Adaption

Aufgrund der Orthogonalität der Subträger in einem OFDM-System können diese individuell moduliert und/oder codiert werden. Hierfür ist es erforderlich, dass die Kanalqualität der einzelnen Subträger beim Sender bekannt ist. In Abbildung 3.4 ist dies in Form der Signal-Rausch-Verhältnisse (SNR) dargestellt.

$$\mathrm{SNR}_{i,k} = \frac{S_{i,k}H_{i,k}H^*_{i,k}S^*_{i,k}}{N_{i,k}N^*_{i,k}} = \left|\frac{S_{i,k}H_{i,k}}{N_{i,k}}\right|^2$$

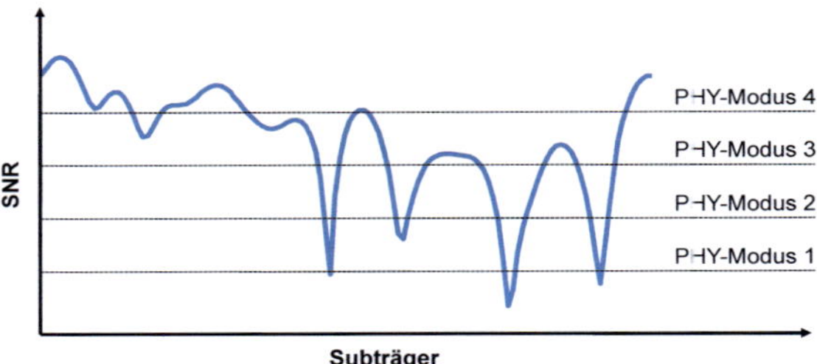

Abbildung 3.4: PHY-Modi

In Abhängigkeit der SNR-Werte kann den Subträgern ein bestimmter physikalischer Modus (PHY-Modus) zugeordnet werden, der sowohl Modulationswertigkeit als auch Codierung definiert. Die Zuordnung der PHY-Modi orientiert sich dabei an der Vorgabe der höheren Schichten wie z. B. Paketfehlerrate (PER), Symbolfehlerrate (SER) oder Bitfehlerrate (BER). Dabei ist die Maximierung des Durchsatzes unter Einhaltung der jeweiligen Vorgabe die Zielsetzung.

Häufig werden bei der Link-Adaption benachbarte Subträger über mehrere OFDM-Symbole in Zeit-Frequenzblöcken zusammengefasst, die auf Grund der Kohärenzbandbreite und der Kohärenzzeit ähnliche SNR-Werte aufweisen. Dadurch verringert sich zum einen der Signalisierungsaufwand zwischen Empfänger und Sender und zum anderen erhöht sich die Effizienz der Fehlerkorrektur mit zunehmender Anzahl von Bits. Diese Zeit-Frequenzblöcke werden dann einem PHY-Modus zugeordnet. Wird demgegenüber die Modulationswertigkeit der Subträger ohne

Berücksichtigung der Codierung bestimmt, so wird von Bitloading-Techniken gesprochen. Die Codierung wird in diesem Fall gesondert betrachtet.

BITLOADING — Bitloading ist ein Verfahren, welches in Abhängigkeit eines Optimierungskriteriums die Bits auf die Subträger verteilt. Aus der Literatur [HH89] ist bereits ein Verfahren bekannt, welches optimale Performanz erzielt, jedoch eine erhebliche Komplexität aufweist. Daher wurde eine Vielzahl von suboptimalen Algorithmen mit geringerer Komplexität in der Literatur vorgestellt (z.B. [CCB95, FH96]).

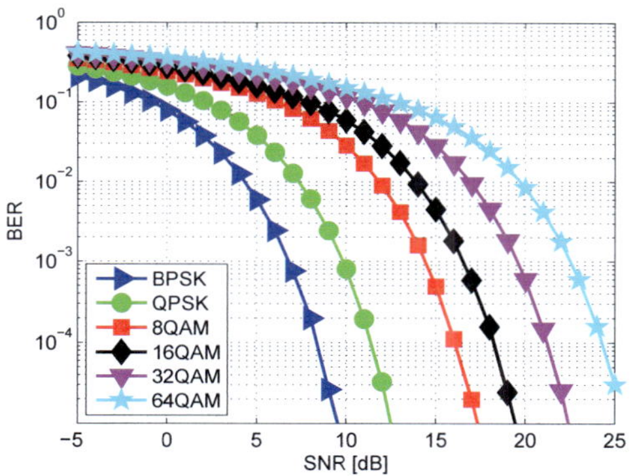

Abbildung 3.5: BER-Kurven für unterschiedliche Modulationswertigkeiten

Im Folgenden wird ein eigenes, neuartiges Verfahren diskutiert, welches die Minimierung der Bitfehlerrate (BER) bei gegebener Anzahl zu ladender Bits als Zielsetzung hat [BFR08, RF09, RF11]. Die Bits werden dafür sukzessive jeweils dem Subträger mit der geringsten Bitfehlerrate zugeordnet. Die Prozedur des sukzessiven Ladens der Bits wurde durch die Huffman-Quellencodierung inspiriert. Diese besitzt ebenfalls eine sukzessive Struktur und ordnet letztendlich dem Symbol mit der geringsten Auftrittswahrscheinlichkeit das längste binäre Codewort zu. Analog dazu werden bei der sukzessiven Bitloading-Prozedur auf den Subträger mit dem höchsten SNR-Wert die meisten Bits geladen. Damit die SNR-Werte auf den Subträgern unabhängig von der Anzahl geladener Bits vergleichbar sind, wird das verbleibende SNR (SNR_{rem}) eingeführt. Dieses beruht auf der Beobachtung, dass die

BER-Kurven der bekannten Modulationsverfahren für die uncodierte Übertragung auf einem Subträger nahezu parallel verlaufen (Abbildung 3.5). Das $\mathrm{SNR}_{\mathrm{rem}}$ wird derart definiert, dass die BER von höheren Modulationswertigkeiten auf die einer BPSK projiziert werden. In Tabelle 3.1 sind in den SNR-Bereichen von Interesse die jeweiligen dB-Werte für die Projektion auf die BER-Kurven der BPSK angegeben.

Tabelle 3.1: Projektion der BER-Kurven

$\mathrm{BER}_{\mathrm{QPSK}}(\mathrm{SNR})$	$\mathrm{BER}_{\mathrm{BPSK}}(\mathrm{SNR} - 3\,\mathrm{dB})$	$\mathrm{BER}_{\mathrm{BPSK}}\,(\mathrm{SNR}_{\mathrm{rem}}(1))$
$\mathrm{BER}_{8\text{-QAM}}(\mathrm{SNR})$	$\mathrm{BER}_{\mathrm{BPSK}}(\mathrm{SNR} - 7{,}6\,\mathrm{dB})$	$\mathrm{BER}_{\mathrm{BPSK}}\,(\mathrm{SNR}_{\mathrm{rem}}(2))$
$\mathrm{BER}_{16\text{-QAM}}(\mathrm{SNR})$	$\mathrm{BER}_{\mathrm{BPSK}}(\mathrm{SNR} - 9{,}7\,\mathrm{dB})$	$\mathrm{BER}_{\mathrm{BPSK}}\,(\mathrm{SNR}_{\mathrm{rem}}(3))$
$\mathrm{BER}_{32\text{-QAM}}(\mathrm{SNR})$	$\mathrm{BER}_{\mathrm{BPSK}}(\mathrm{SNR} - 12{,}9\,\mathrm{dB})$	$\mathrm{BER}_{\mathrm{BPSK}}\,(\mathrm{SNR}_{\mathrm{rem}}(4))$
$\mathrm{BER}_{64\text{-QAM}}(\mathrm{SNR})$	$\mathrm{BER}_{\mathrm{BPSK}}(\mathrm{SNR} - 15{,}7\,\mathrm{dB})$	$\mathrm{BER}_{\mathrm{BPSK}}\,(\mathrm{SNR}_{\mathrm{rem}}(5))$

Das nächste zu ladende Bit wird entsprechend dem Subträger mit dem höchsten $\mathrm{SNR}_{\mathrm{rem}}(b)$ respektive der niedrigsten Bitfehlerwahrscheinlichkeit zugeordnet. Sind alle Bits geladen, so unterscheiden sich die $\mathrm{SNR}_{\mathrm{rem}}$-Werte auf den Subträgern. Mittels zusätzlicher Festlegung der Sendesignalleistung können diese ausgeglichen werden, indem die Leistung der Subträger mit geringen $\mathrm{SNR}_{\mathrm{rem}}$-Werten erhöht und die mit hohen $\mathrm{SNR}_{\mathrm{rem}}$-Werten entsprechend reduziert wird. In Abbildung 3.6 ist die Leistungsfähigkeit verschiedener Bitloading-Verfahren für ein OFDM-Sytem mit 256 Subträgern und einer Bandbreite von 20 MHz bei einer Trägerfrequenz von 2,4 GHz gezeigt. Die Anzahl von zu ladenden Bits beträgt 512. Als Referenz dient zum einen die BER-Kurve für den Fall, dass kein Bitloading durchgeführt wird und zum anderen das ideale Verfahren nach [HH89] (minimale Leistung). Weiterhin sind die Ergebnisse von aus der Literatur bekannten Algorithmen dargestellt. Diese haben eine minimale Symbolfehlerrate [FH96] beziehungsweise maximale Kapazität [CCB95] als Zielsetzung. Im Vergleich zu diesen wird durch die vorgestellte Bitloading-Prozedur das beste Ergebnis erzielt.

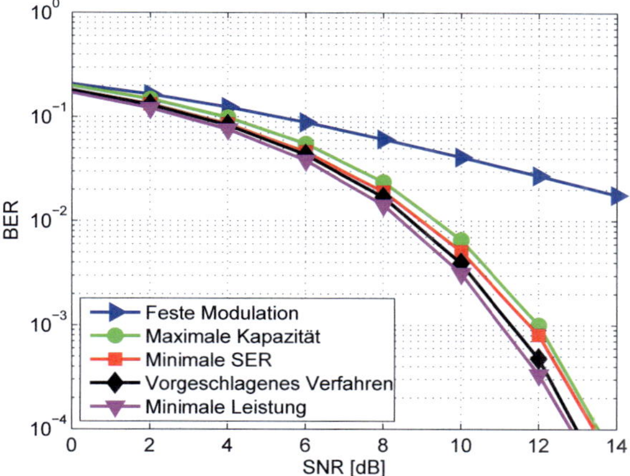

Abbildung 3.6: Leistungsfähigkeit der Bitloading-Verfahren

IV

Mehrantennensysteme

Die Idee, mehrere Sende- und Empfangsantennen einzusetzen, entstammt der Radartechnik, welche die Ortung von Objekten per Funkwellen als Zielsetzung hat. Ursprünglich wurden mechanisch rotierende Antennen zur Winkelauflösung eingesetzt, die eine statische Strahlungscharakteristik aufweisen. Durch den Einsatz von elektronisch angesteuerten Phased-Array-Antennen wird demgegenüber eine große Flexibilität in der Ausformung der Antennenkeulen erreicht. Diese bestehen aus mehreren Antennenelementen, die mit unterschiedlicher Phase beaufschlagt werden, so dass die Leistung in einem bestimmten Raumbereich erhöht und gleichzeitig in anderen Raumbereichen nahezu vollständig unterdrückt werden kann. Diese Technik wird als Beamforming bezeichnet und ist sowohl auf Seiten des Senders als auch des Empfängers einsetzbar.

Das Konzept der Mehrantennensysteme wurde in der Kommunikationstechnik aufgegriffen und der Begriff Multiple Input Multiple Output (MIMO) eingeführt. Im Allgemeinen wird für MIMO-Techniken von flachen Kanälen ausgegangen, d.h. der Kanal weist keinerlei Frequenzselektivität auf. Daher ist der Kanal zwischen Sendeantenne n_T und Empfangsantenne n_R durch einen komplexen Faktor H_{n_T,n_R} charakterisiert. Der durch additives weißes Gaußsches Rauschen überlagerte Empfangsvektor $\vec{r} = (r_1, r_2, \cdots, r_{N_R})^T$ ergibt sich durch die Multiplikation der Kanalmatrix $\mathbf{H}$ mit dem Sendevektor $\vec{c} = (c_1, c_2, \cdots, c_{N_T})^T$,

$$\vec{r} = \mathbf{H} \cdot \vec{c} + \vec{n}$$

wobei N_T die Anzahl von Sendeantennen und N_R die der Empfangsantennen ist.

Die Kanalmatrix **H** enthält die Einträge gemäß Gleichung (4-1).

$$\mathbf{H} = \begin{pmatrix} H_{1,1} & H_{1,2} & \dots & H_{1,N_T} \\ H_{2,1} & H_{2,2} & \cdots & H_{2,N_T} \\ \vdots & \vdots & \ddots & \vdots \\ H_{N_R,1} & H_{N_R,2} & \dots & H_{N_R,N_T} \end{pmatrix} \tag{4-1}$$

Im Unterschied zur Radartechnik, die im Allgemeinen von einer LOS-Verbindung ausgeht, sind Mobilfunkkanäle meist durch Mehrwegeausbreitung ohne LOS-Pfad charakterisiert. Die Symboldauer muss demzufolge hinreichend lang gegenüber dem maximalen Laufzeitunterschied gewählt werden, so dass das Übertragungssystem die Voraussetzungen für MIMO-Techniken erfüllt.

Für Kommunikationssysteme können durch entsprechende Wahl der Sendevektoren zwei unterschiedliche Zielsetzungen verfolgt werden. Zum einen kann die Robustheit des Übertragungssystems erhöht werden, indem die Information über mehrere unkorrelierte Kanäle übertragen wird (Diversität). Zum anderen kann eine Steigerung der Datenrate erzielt werden, indem unterschiedliche Informationen auf jeder Sendeantenne übertragen werden (Multiplexing).

4.1 *MISO versus SIMO*

Eine erste Unterteilung der MIMO-Techniken erfolgt durch die Zielsetzung Diversität oder Multiplexing. Weiterhin lassen sich MIMO-Techniken zusätzlich in senderseitige und empfängerseitige Methoden untergliedern. Werden mehrere Sendeantennen und eine Empfangsantenne eingesetzt, so wird von MISO-Systemen gesprochen. Bei den SIMO-Systemen werden demgegenüber eine Sendeantenne und mehrere Empfangsantennen verwendet. Die Empfangsdiversität wird durch geeignete Kombinierung der Empfangswerte erzielt. Gängige Methoden sind hier Selection Combining, Equal Gain Combining und Maximum Ratio Combining [Sti09]. Die Kapazitäten für SISO-, MISO-, SIMO- und MIMO-Systeme berechnen sich bei einer Rauschleistungsdichte N_0 und einer Energie pro Symbol von E_s wie folgt [PS08],

$$
\begin{aligned}
C_{\text{SISO}} &= \log_2\left(1+\frac{E_s}{N_0}H_{1,1}H_{1,1}^*\right)\\
C_{\text{MISO}} &= \log_2\left(1+\frac{E_s}{N_T N_0}\sum_{n_T=1}^{N_T}H_{1,n_T}H_{1,n_T}^*\right)\\
C_{\text{SIMO}} &= \log_2\left(1+\frac{E_s}{N_0}\sum_{n_R=1}^{N_R}H_{n_R,1}H_{n_R,1}^*\right)\\
C_{\text{MIMO}} &= \sum_{i=1}^{r}\log_2\left(1+\frac{E_s}{N_T N_0}\lambda_i\right)
\end{aligned}
$$

wobei r den Rang der Kanalmatrix $\mathbf{H}$ bezeichnet und λ die dazugehörigen Eigenwerte. In Abbildung 4.1 sind die Kapazitäten in Abhängigkeit des E_s/N_0 angegeben, sofern die Übertragungsfaktoren durch komplexwertige Gaußsche Zufallsvariable mit Erwartungswert eins und Varianz null bestimmt sind.

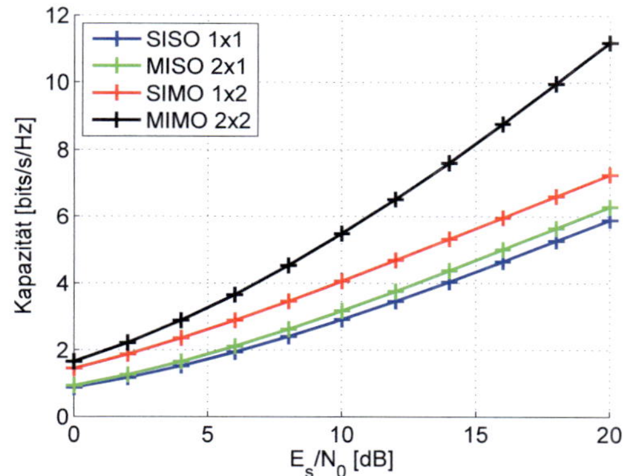

Abbildung 4.1: Kapazität von N_TxN_R-Systemen

Die Verwendung mehrerer Empfangsantennen erzielt eine höhere Kapazität als die MISO-Systeme, da alle Empfangsantennen die gesamte Sendeleistung einfangen können, während bei den MISO-Systemen die Sendeleistung auf die Sendeantennen aufgeteilt wird. Weiterhin wird ein deutlicher Gewinn in der Kapazität durch das MIMO-System erreicht, welches die Vorteile der SIMO- und MISO-Systeme ausnutzt.

Für kommerzielle Mobilfunknetze werden jedoch Empfangsgeräte mit geringem Stromverbrauch gefordert. Dies geht mit einer geringen Komplexität der Hardware einher, was konträr zu dem Einsatz mehrerer Empfangsantennen ist. Zudem besteht die Problematik, mehrere Antennen in den mobilen Endgeräten unterzubringen, da diese eine bestimmte Distanz zueinander aufweisen sollten. Auf der Seite der Basisstation spielt die Komplexität der Hardware hingegen keine Rolle und der Raum für die Distanz der Antennenelemente ist gegeben. Daher wird im Folgenden der Schwerpunkt auf MISO-Techniken gelegt. Eine Erweiterung auf MIMO-Techniken mit den genannten empfängerseitigen Combining-Techniken ist sehr einfach zu realisieren.

4.2 *MIMO-Techniken*

Je nach Grad der Kanalkenntnis im Sender und Empfänger können unterschiedliche MIMO-Techniken eingesetzt werden. In Tabelle 4.1 ist eine Übersicht von ausgewählten Mehrantennen-Techniken für diverse Randbedingungen angegeben. Diese werden im Folgenden erläutert.

Tabelle 4.1: Übersicht von ausgewählten MIMO-Techniken

MIMO-Technik	**Kanalkenntnis**		**Zielsetzung**
	BS	**MT**	
DSTBC	keine	keine	Diversität
STBC	keine	vollständige	Diversität
Beamforming	keine langzeitige vollständige	vollständige	Diversität
SVD	vollständige	vollständige	Multiplexing

4.2.1 STBC

Space-Time Block Codes (STBC) zielen darauf ab, die Diversität auf Seiten des Senders vollständig auszunutzen (Sendediversität). Dabei werden die Informationssymbole in Blöcken codiert, die sich über die Antennenelemente (Space) und die Zeit (Time) erstrecken. Das einfachste Verfahren zur Codierung der Informationssymbole wurde von Alamouti [Ala98] für zwei Sendeantennen vorgeschlagen (Abbildung 4.2). Dieses Verfahren wird im Folgenden kurz erläutert.

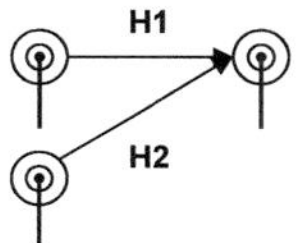

Abbildung 4.2: MISO-System

Die Informationssymbole s_i werden entsprechend Gleichung (4-2) in einer Sendematrix **C** codiert:

$$\mathbf{C} = \begin{pmatrix} s_1 & -s_2^* \\ s_2 & s_1^* \end{pmatrix} \tag{4-2}$$

Im ersten Schritt wird der Sendevektor $\vec{c_1} = (s_1, s_2)^T$ übertragen und im zweiten Schritt der Sendevektor $\vec{c_2} = (-s_2^*, s_1^*)^T$, so dass im Empfänger die Informationssymbole s_i jeweils über beide Kanäle empfangen werden.

$$\begin{aligned} r_1 &= H_1 s_1 + H_2 s_2 + n_1 \\ r_2 &= -H_1 s_2^* + H_2 s_1^* + n_2 \end{aligned}$$

Die geschätzten Informationssymbole $\hat{s}_1$ und $\hat{s}_2$ ergeben sich wie folgt aus den Empfangswerten:

$$\begin{aligned}\hat{s}_1 &= \frac{H_1^* r_1 + H_2 r_2^*}{\|\mathbf{H}\|_F^2} \simeq \frac{H_1^*(H_1 s_1 + H_2 s_2) + H_2(-H_1^* s_2 + H_2^* s_1)}{\|\mathbf{H}\|_F^2} = s_1 \\ \hat{s}_2 &= \frac{H_2^* r_1 - H_1 r_2^*}{\|\mathbf{H}\|_F^2} \simeq \frac{H_2^*(H_1 s_1 + H_2 s_2) - H_1(-H_1^* s_2 + H_2^* s_1)}{\|\mathbf{H}\|_F^2} = s_2\end{aligned}$$

Mit der Kanalmatrix $\mathbf{G}$

$$\mathbf{G} = \begin{pmatrix} H_1 & H_2 \\ -H_2^* & H_1^* \end{pmatrix}$$

lassen sich die Empfangswerte in Matrixnotation angeben.

$$\mathbf{R} = \begin{pmatrix} r_1 & r_2 \\ -r_2^* & r_1^* \end{pmatrix} = \mathbf{GC} + \mathbf{N}$$

Die geschätzte Sendematrix $\hat{\mathbf{C}}$ ergibt sich somit durch Multiplikation der Empfangsmatrix $\mathbf{R}$ mit der konjugiert komplexen Kanalmatrix $\mathbf{G}^*$.

$$\|\mathbf{H}\|_F^2 \cdot \hat{\mathbf{C}} = \mathbf{G}^*\mathbf{R} \simeq \mathbf{G}^*\mathbf{GC}$$

4.2.2 DSTBC

Die Differential Space-Time Block Codes (DSTBC) basieren auf den STBCs und erlauben es, die Informationssymbole im Empfänger ohne Kanalkenntnis zu detektieren. Dabei wird die Information in dem Produkt von zwei aufeinanderfolgenden Sendematrizen codiert. Die Sendematrix $\mathbf{C}_n$ zum Zeitpunkt n ergibt sich durch die Multiplikation der Informationsmatrix $\mathbf{S}_n$ mit der Sendematrix $\mathbf{C}_{n-1}$,

$$\mathbf{C}_n = \mathbf{S}_n \cdot \mathbf{C}_{n-1}$$

wobei die Informationsmatrix $\mathbf{S}_n$ gemäß Gleichung (4-3) codiert wird.

$$\mathbf{S}_n = \begin{pmatrix} s_{n,1} & -s_{n,2}^* \\ s_{n,2} & s_{n,1}^* \end{pmatrix} \tag{4-3}$$

Die Begrenzung der Sendeleistung in der ursprünglichen Version der DTSBCs [TJ00] wird erreicht, indem die Modulation der Informationssymbole $s_{r,i}$ auf die Phasenmodulation beschränkt (M-PSK) ist. Damit ist die Informationsmatrix unitär, d.h. es gilt

$$\mathbf{S}_n^* \mathbf{S}_n = \mathbf{I_n} \tag{4-4}$$

wobei $\mathbf{I_n}$ die Einheitsmatrix repräsentiert. Weiterhin resultiert die Multiplikation von zwei unterschiedlichen unitären Matrizen wiederum in einer unitären Matrix. Daher ist durch die Festlegung der Sendematrix $\mathbf{C}_0$ als unitäre Matrix sichergestellt, dass die Sendeleistung begrenzt ist.

$$\mathbf{C}_n^* \mathbf{C}_n = \mathbf{C}_{n-1}^* \mathbf{S}_n^* \mathbf{S}_n \mathbf{C}_{n-1} = \cdots = \mathbf{C}_0^* \mathbf{C}_0 = \mathbf{I_n}$$

Unter der Voraussetzung, dass sich die Kanalmatrix für die Dauer von zwei Sendematrizen nicht ändert, erfolgt die Decodierung im Empfänger durch Multiplikation der Empfangsmatrix $\mathbf{R}_n$ mit der adjungierten Matrix $\mathbf{R}_{n-1}^*$.

$$\mathbf{R}_{n-1}^* \mathbf{R}_n \simeq \mathbf{C}_{n-1}^* \mathbf{G}_{n-1}^* \mathbf{G}_n \mathbf{C}_n \simeq \|\mathbf{G}_n\|_F^2 \cdot \mathbf{S}_n \tag{4-5}$$

Da die Information lediglich in der Phase codiert ist, kann das Ergebnis von Gleichung (4-5) direkt zur Detektion der Informationssymbole herangezogen werden.

QAM-DSTBC — Die Leistung der Sendematrizen bei DSTBC ist durch die Verwendung der Phasenmodulation konstant. Für die Erhöhung der Bandbreiteeffizienz ist es jedoch zwingend erforderlich, Information auch in der Amplitude zu codieren. Damit gilt für die Informationsmatrix

$$\mathbf{S}_n^* \mathbf{S}_n = a_n^2 \mathbf{I_n}$$

wobei a_n^2 die Leistung der aktuellen Informationsmatrix ist. Im Vergleich zu Gleichung (4-4) wird somit eine Fluktuation der Sendeleistung beobachtet.

$$\mathbf{C}_n^* \mathbf{C}_n = a_n^2 a_{n-1}^2 \cdots a_0^2 \mathbf{I_n} = b_n^2 \mathbf{I}$$

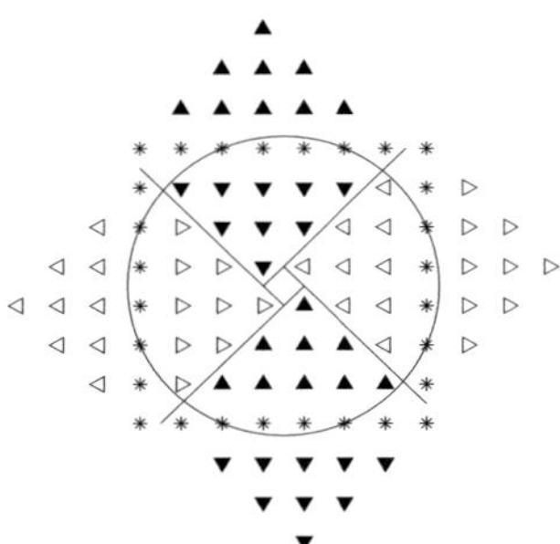

Abbildung 4.3: QAM-Konstellation für DSTBC

In [VR06, RR06] wurden Verfahren vorgeschlagen, die auf einer APSK-Modulation basieren und gleichzeitig eine Begrenzung der Sendeleistung erreichen. Es ist jedoch bekannt, dass die QAM- gegenüber der APSK-Modulation in SISO-Systemen durch die größeren Symbolabstände einen zusätzlichen Gewinn erzielt. Daher wird im Folgenden ein eigenes Verfahren vorgestellt, welches die Kombination der QAM-Modulation mit den DSTBCs ermöglicht [FR09]. Hierfür wird exemplarisch die 64-QAM betrachtet. Die Begrenzung der Sendeleistung wird durch eine Erweiterung der QAM-Konstellation erreicht, indem bestimmte Bitkombinationen zwei Konstellationspunkten zugeordnet werden können. In Abbildung 4.3 ist die erweiterte 64-QAM-Konstellation dargestellt.

Die mit Sternchen gekennzeichneten Konstellationspunkte sind die äußeren Konstellationspunkte einer 64-QAM und werden eindeutig einer Bitkombination zugewiesen. Alle weiteren Bitkombinationen können entweder einem Konstellationspunkt innerhalb oder außerhalb der originalen 64-QAM zugeordnet werden. Mit der Wahl des Konstellationspunktes ist es möglich, die Sendeleistung zu kontrollieren.

$$\begin{aligned} b_{n-1}^2 &\leq \text{äußere Konstellationspunkte für } \mathbf{S}_n \\ b_{n-1}^2 &> \text{innere Konstellationspunkte für } \mathbf{S}_n \end{aligned}$$

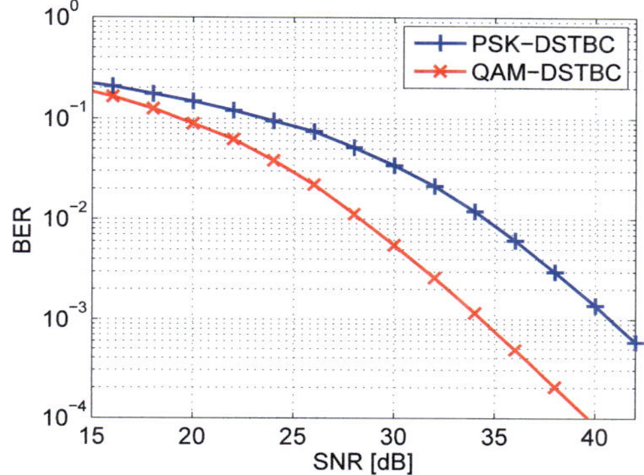

Abbildung 4.4: BER-Kurven von PSK-DSTBC und QAM-DSTBC

Für die erweiterte 64-QAM-Konstellation ergibt sich ein neuer Parameter, der die Leistung der Konstellationspunkte definiert. In Abbildung 4.3 ist die auf 1 normalisierte Leistung als Kreis dargestellt. Das Konstellationsdiagramm erlaubt darüber hinaus ein Gray-Mapping der Bitkombinationen. Im Gegensatz zur Decodierung in Gleichung (4-5) wird bei QAM-DSTBC mit der Inversen der Empfangsmatrix multipliziert.

$$\mathbf{R}_{n-1}^{-1}\mathbf{R}_n = \mathbf{S}_n + \mathbf{N}_n$$

Abbildung 4.4 zeigt den Gewinn der QAM-DSTBC im Vergleich zu einer PSK-DSTBC bei einer Bandbreiteneffizienz von 6 bits/s/Hz. Die Performanzsteigerung der QAM-DSTBC gegenüber der PSK-DSTBC ist mit dem deutlich größeren euklidischen Abstand der Konstellationspunkte zu erklären.

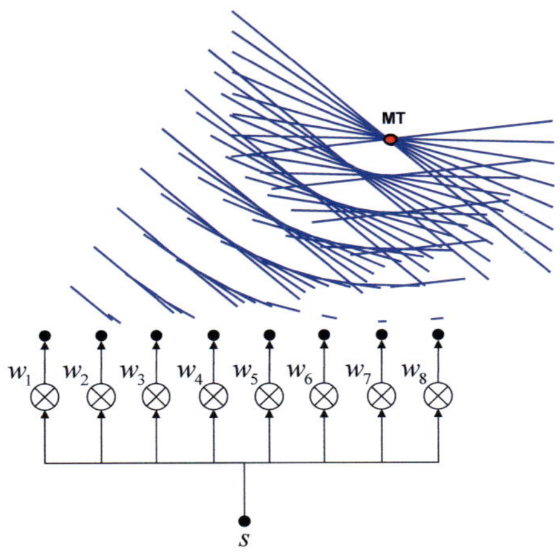

Abbildung 4.5: Fernfeld eines linearen Antennenarrays

4.2.3 Beamforming

Die Beamforming-Techniken erzielen eine Richtwirkung der Sendeleistung, so dass eine größere Empfangsleistung vorliegt. Dies wird durch Gewichtung des Informationssymbols s mit geeigneten Beamforming-Koeffizienten w_{n_T} erreicht. Schematisch ist dies in Abbildung 4.5 für das Fernfeld eines linearen Antennenarrays (Uniform Linear Antenna Array - ULA) dargestellt. Der Sendevektor berechnet sich somit zu:

$$\vec{c} = \begin{pmatrix} w_1 \\ w_2 \\ \vdots \\ w_{N_T} \end{pmatrix} s = \vec{w} s$$

Für die Empfangsantenne sind die Kanäle zu den Sendeantennen durch den Kanalvektor $\vec{H}$ charakterisiert.

$$\vec{H} = (H_{1,1} H_{1,2} \cdots H_{1,N_T})$$

Im Empfänger wird dementsprechend die Nutzleistung S beobachtet, sofern die Informationssymbole in der Leistung auf eins normiert sind.

$$S = \vec{w}^* \vec{H}^* \vec{H} \vec{w}$$

Wie bereits in Tabelle 4.1 angegeben, sind - je nach Grad der Kanalkenntnis - unterschiedliche Beamforming-Techniken einsetzbar. Liegt keinerlei Kanalkenntnis im Sender vor, so werden vordefinierte Beams eingesetzt. Ist im Sender langzeitige oder vollständige Kanalkenntnis vorhanden, so können nutzerspezifische Beams ausgeformt werden. Tabelle 4.2 gibt die Beamforming-Techniken an, die für das Systemkonzept herangezogen werden.

Tabelle 4.2: Beamforming-Techniken

Kanalkenntnis BS	**Beamforming-Technik**
keine	Vordefinierte Beams
langzeitige	Generalisierte Eigenbeams
vollständige	Zeroforcing Beams

4.2.4 SVD

Eine sehr effiziente Technik, die Datenraten durch Multiplexing zu erhöhen, besteht in der Singulärwertzerlegung (Singular Value Decomposition - SVD) der Kanalmatrix $\mathbf{H}$ in das Produkt von unitären Matrizen $\mathbf{U}$ und $\mathbf{Q}$ und einer Diagonalmatrix $\mathbf{D}$.

$$\mathbf{H} = \mathbf{UDQ}^*$$

Die diagonalen Einträge von $\mathbf{D}$ entsprechen dabei den Singulärwerten der Kanalmatrix $\mathbf{H}$. Ist die Kanalmatrix $\mathbf{H}$ sowohl im Sender als auch im Empfänger bekannt, so kann auf Seiten des Senders für die Codierung die Matrix $\mathbf{Q}$ herangezogen werden

$$\vec{c} = \mathbf{Q}\vec{s}$$

und auf Seiten des Empfängers entsprechend für die Decodierung die Matrix $\mathbf{U}^*$.

$$\begin{aligned}
\mathbf{U}^*\vec{r} &= \mathbf{U}^*\mathbf{HQ}\vec{s} + \mathbf{U}^*\vec{n} \\
&= \mathbf{U}^*\mathbf{UDQ}^*\mathbf{Q}\vec{s} + \mathbf{U}^*\vec{n} \\
&\simeq \mathbf{D}\vec{s}
\end{aligned}$$

Im Empfänger liegen also die einzelnen Informationssymbole gewichtet mit den Singulärwerten vor. Durch Bit- und Powerloading kann die Kapazität des Kanals für gegebene Übertragungsmodi somit optimal ausgenutzt werden.

4.3 MIMO-OFDM

MIMO-Techniken ermöglichen eine Steigerung der Datenrate und/oder die Erhöhung der Robustheit der Übertragung, wobei im Allgemeinen flache Kanäle vorausgesetzt werden. Die OFDM-Technik ist ein sehr effizientes Verfahren, die Einflüsse der Mehrwegeausbreitung zu verringern, indem orthogonale Sendesignale mit langen Symboldauern verwendet werden. Daher ist die Kombination von OFDM- mit MIMO-Techniken sehr vielversprechend für zukünftige Übertragungssysteme.

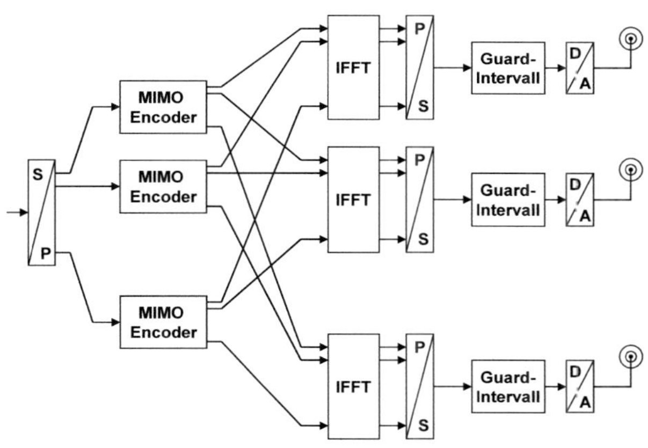

Abbildung 4.6: MIMO-OFDM-Übertragungsstrecke des Senders

Im vorangegangenen Kapitel wurde bereits erläutert, dass die Übertragungsfunktion für einen Subträger eines OFDM basierten Übertragungssystems als konstant angesehen werden kann. Die Bedingung für MIMO-Techniken ist demnach auf allen Subträgern erfüllt. Abbildung 4.6 zeigt das Blockschaltbild, welches die MIMO-Technik auf den Subträgern eines OFDM-Übertragungssystems umsetzt. Die Informationssymbole werden den Subträgern zugeordnet, auf welchen die Codierung der MIMO-Technik erfolgt. Der Ausgang des MIMO-Encoders liefert den Sendevektor des jeweiligen Subträgers für die Sendeantennen. Die Einträge des Sendevektors werden den entsprechenden Eingängen der IFFTs zur Berechnung der OFDM-Symbole zugeführt.

4.3.1 MISO-OFDM VERSUS SIMO-OFDM

In Unterabschnitt 4.1 wurde bereits der Vorteil der SIMO-Systeme im Vergleich zu den MISO-Systemen anhand der Kapazität aufgezeigt. Für eine zuverlässige und robuste Übertragung in breitbandigen Systemen sind Verfahren der Kanalcodierung unabdingbar. Daher wird im Folgenden sowohl die Leistungsfähigkeit in Systemen ohne Codierung als auch mit Codierung untersucht, um den Gewinn hinsichtlich Diversität und Codierung in OFDM basierten Übertragungssystemen zu evaluieren. Die Unterschiede in der Leistungsfähigkeit von SISO-, MISO-, SIMO- und MIMO-Systemen (Sendeantennen x Empfangsantennen: 1x1, 2x1, 1x2, 2x2) in Kombination mit der OFDM-Übertragungstechnik werden in [FR08] beispielhaft anhand von DQPSK respektive QPSK-DSTBC verdeutlicht. DSTBC setzt zwei Sendeantennen voraus und erfordert, genau wie DQPSK, keinerlei Kanalkenntnis im Sender und Empfänger. Auf der Seite des Empfängers wird Selection Combining eingesetzt, sofern zwei Empfangsantennen betrachtet werden. Die quantitative Auswertung erfolgt für ein OFDM-System mit 256 Subträgern und einer Bandbreite von 20 MHz bei einer Trägerfrequenz von 2,4 GHz. Die Codierung wird mit einem Faltungscoder der Coderate 1/2 und der Einflusslänge 7 durchgeführt und als Kanalmodell wird ein WSSUS-Kanal angenommen. Dargestellt sind die Bitfehlerkurven in Abhängigkeit der Energie pro Informationsbit im Verhältnis zur Rauschleistungsdichte (E_b/N_0), wodurch der Vergleich von uncodierter und codierter Übertragung ermöglicht wird.

Wie zu erwarten zeigt der Vergleich von Empfangs- und Sendediversität (SIMO und MISO) der uncodierten Systeme in Abbildung 4.7, dass höhere Gewinne mit einer Empfangsdiversität erzielt werden. Dies ist damit zu begründen, dass im Fall des MISO-Systems die Leistung auf die Sendeantennen aufgeteilt wird, während bei den SIMO-Systemen die gesamte Leistung über den besten Kanal empfangen wird.

In Abbildung 4.8 sind die Bitfehlerkurven für codierte System dargestellt. Unabhängig von der Art der Diversität ist zu beobachten, dass die Gewinne bezüglich der Codierung mit steigender Diversität geringer ausfallen.

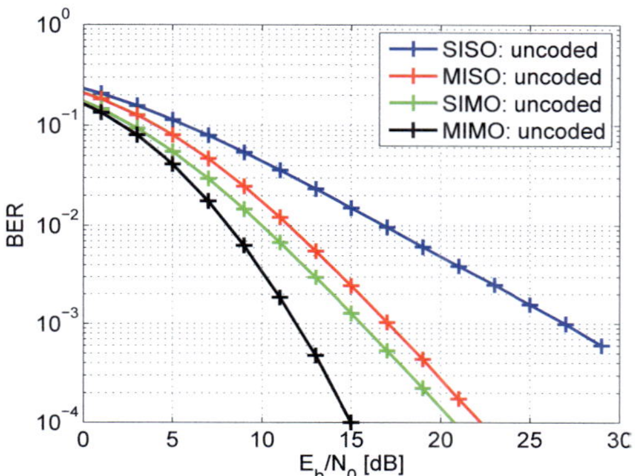

Abbildung 4.7: Bitfehlerkurven für die uncodierte Übertragung, 2 Bits pro Symbol

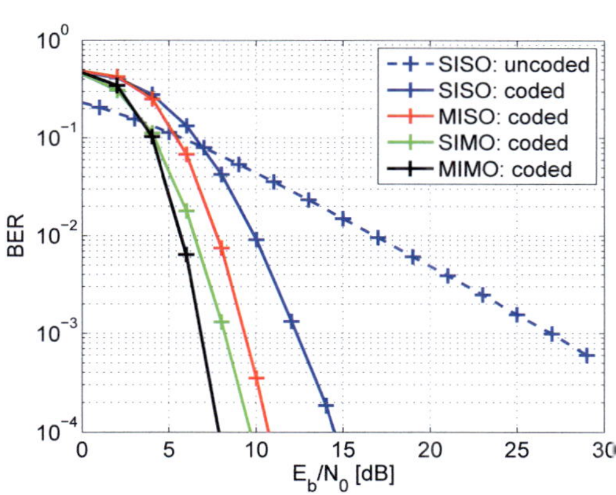

Abbildung 4.8: Bitfehlerkurven für die codierte Übertragung, 2 Bits pro Symbol

Tabelle 4.3: Performanz der unterschiedlichen Systeme

System		**Gewinn**		
		Diversität	**Codierung**	**System**
SISO (DQPSK)		$0dB$	$14,75dB$	$14,75dB$
MISO (QPSK-DSTBC)		$10dB$	$7,5dB$	$17,5dB$
SIMO (DQPSK)		$11,5dB$	$7,25dB$	$18,25dB$
MIMO (QPSK-DSTBC)		$15dB$	$5,25dB$	$20,25dB$

In Tabelle 4.3 sind die Ergebnisse für die uncodierten und codierten Systeme zusammengefasst. Die Gewinne hinsichtlich der Diversität leiten sich aus den Ergebnissen für die uncodierten Systeme ab. Als Referenz dient das uncodierte SISO-Systeme. Die Resultate der codierten Systeme ergibt sich aus dem Diversitätsgewinn und dem Codierungsgewinn.

V SDMA

Werden Szenarien mit mehreren Nutzern betrachtet, so können mit bestimmten MISO-Techniken mehrere Nutzer gleichzeitig innerhalb eines Subträgers versorgt werden. Dies wird als Space-Division Multiple Access (SDMA) bezeichnet. Mittels der Beamforming-Techniken kann beispielsweise durch Superposition der Beamforming-Vektoren die Empfangsleistung in unterschiedlichen Raumrichtungen erhöht werden. Bei der SVD-Technik ist es ebenfalls möglich, mehrere Nutzer gleichzeitig zu versorgen, indem orthogonale Kanäle erzeugt werden. Allerdings ist hierfür die Kanalkenntnis der MTs bei allen Empfängern erforderlich, was in einem erheblichen Signalisierungsaufwand resultiert. Demgegenüber werden bei den Beamforming-Techniken die Interferenzen durch gleichzeitig geschaltete Beams als zusätzliches Rauschen aufgefasst. Aus diesem Grund werden die Beamforming-Techniken im Folgenden genauer analysiert, wobei davon ausgegangen wird, dass die Basisstationen mit drei ULAs ausgestattet sind. Diese werden in Form eines Dreiecks angeordnet, um in allen Raumbereichen ähnliche Leistung zu erzielen. Ein ULA deckt somit einen Sektor von 120° ab. In Abbildung 5.1 ist die Unterteilung einer Zelle in Sektoren dargestellt. Weiterhin werden 8 Sendeantennen für ein ULA angenommen.

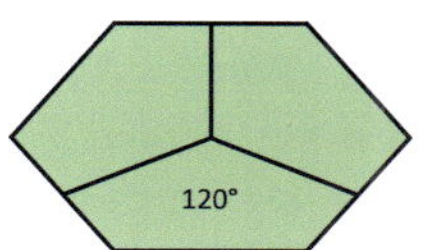

Abbildung 5.1: Unterteilung einer Zelle in Sektoren

5.1 Vordefinierte Beams

Im Rahmen dieser Arbeit werden Dolph-Chebyshev Beams herangezogen, die eine konstante Dämpfung der Nebenzipfel erreichen [Orf04]. Dies ist von Vorteil, sofern mehrere Beams gleichzeitig in beliebige Raumbereiche geschaltet werden. In Abbildung 5.2 ist das Antennendiagramm der Dolph-Chebyshev Beams für eine Nebenzipfeldämpfung von 35 dB visualisiert.

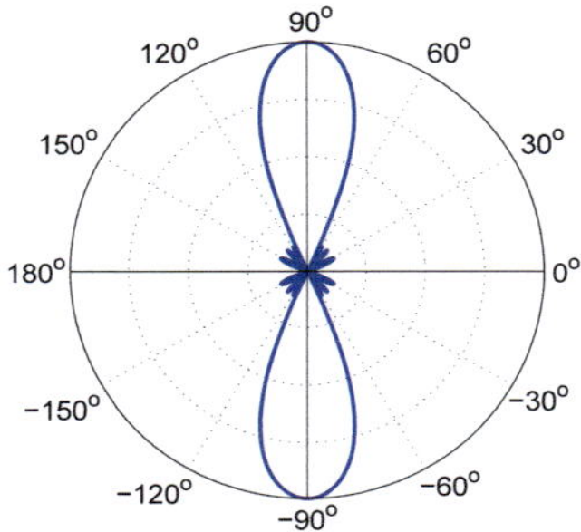

Abbildung 5.2: Antennendiagramm der Dolph-Chebyshev Beams

Die vordefinierten Beams werden derart berechnet, dass eine vollständige Abdeckung eines Sektors von 120° erzielt wird. Dabei werden die Abstände der Beams so bestimmt, dass der Gewinn zwischen benachbarten Beams maximal um 3 dB geringer ausfällt als im Zentrum eines Beams [Grü06]. In Abbildung 5.3 ist dies für die Dolph-Chebyshev Beams dargestellt. Der Winkelbereich zwischen 30° und 150° repräsentiert den entsprechenden Sektor.

Werden mehrere Nutzer betrachtet, so können diese durch Superposition der vordefinierten Beams gleichzeitig versorgt werden. Abbildung 5.4 stellt dies für zwei MTs innerhalb eines Sektors dar. Da bei den vordefinierten Beams keine Kanalkenntnis einfließt, ist das Antennendiagramm unabhängig vom Szenario gültig.

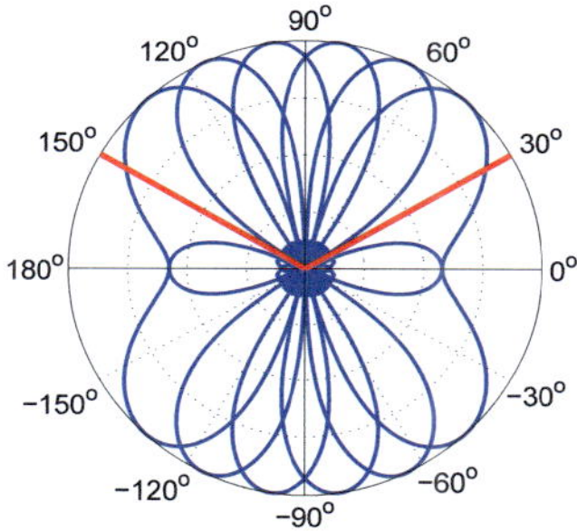

Abbildung 5.3: Abdeckung eines Sektors mit vordefinierten Beams

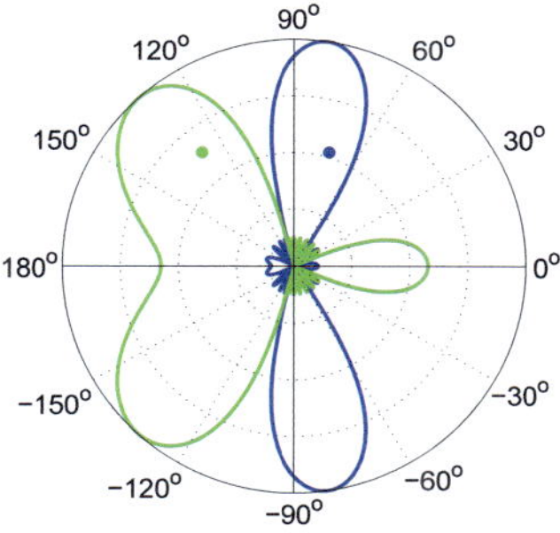

Abbildung 5.4: Vordefinierte Beams und SDMA

5.2 Generalisierte Eigenbeams

Der Grundgedanke bei der Berechnung der generalisierten Eigenbeams ist die Maximierung der Signal-Interferenz-Rausch-Verhältnisse (SINR) bei den MTs. Das SINR von MT i, welches von Basisstation b versorgt wird, berechnet sich zu

$$\mathrm{SINR}_i = \frac{\vec{w}_i{}^* \vec{H}_{b,i}^* \vec{H}_{b,i} \vec{w}_i}{\sum_{j \neq i} \vec{w}_j{}^* \vec{H}_{\widetilde{b}(j),i}^* \vec{H}_{\widetilde{b}(j),i} \vec{w}_j + n_i}$$

wobei $\vec{w}_j$ den Beamforming-Vektor für MT j der Basisstation $\widetilde{b}(j)$ beschreibt und $\vec{H}_{\widetilde{b}(j),i}^*$ den Übertragungsvektor von Basisstation $\widetilde{b}(j)$ zum MT i. Die Lösung dieser Optimierungsaufgabe ist nicht konvex und erfordert von jeder Basisstation die vollständige Kanalkenntnis zu allen MTs im Netzwerk. Eine erhebliche Reduzierung der Komplexität und des Signalisierungsaufwands wird erreicht, indem eine alternative Optimierungsaufgabe betrachtet wird, die autonom für jedes MT gelöst werden kann [SBO06]. Dazu wird die Hilfsgröße $\overline{\mathrm{SINR}}_i$ für MT i definiert.

$$\overline{\mathrm{SINR}}_i = \frac{\vec{w}_i{}^* \vec{H}_{b,i}^* \vec{H}_{b,i} \vec{w}_i}{\vec{w}_i{}^* \left(\sum_{j \neq i} \vec{H}_{b,j}^* \vec{H}_{b,j} + \alpha \mathbf{I} \right) \vec{w}_i} \qquad \text{(5-1)}$$

Die Zielsetzung besteht darin, die Nutzleistung bei dem betrachteten MT i im Verhältnis zu der erzeugten Interferenz bei den anderen MTs j zu maximieren. Der Term $\alpha \mathbf{I}$ repräsentiert dabei die Interferenz, die bei MTs mit unbekanntem Kanal erzeugt wird. Somit ist keinerlei Kanalkenntnis von MTs in anderen Zellen zur Berechnung der Beamforming-Vektoren notwendig und die Signalisierung zwischen den Basisstationen entfällt. Mit diesem Ansatz kann weiterhin auf die Langzeit-Kanalkenntnis zurückgegriffen werden. Diese muss bei der Basisstation in Form der Kovarianzmatrix $\mathbf{R}_{b,j}$ des Kanals vorliegen.

$$\mathbf{R}_{b,j} = E\left\{ \vec{H}_{b,j}^* \vec{H}_{b,j} \right\}$$

Damit ergibt sich für Gleichung (5-1) folgender Ausdruck:

$$\overline{\mathrm{SINR}}_i = \frac{\vec{w}_i{}^* \mathbf{R}_{b,i} \vec{w}_i}{\vec{w}_i{}^* \left(\sum_{j \neq i} \mathbf{R}_{b,j} + \alpha \mathbf{I} \right) \vec{w}_i} = \frac{\vec{w}_i{}^* \mathbf{A} \vec{w}_i}{\vec{w}_i{}^* \mathbf{B} \vec{w}_i} \qquad \text{(5-2)}$$

Gleichung (5-2) wird maximiert, indem der Beamforming-Vektor $\vec{w}_i$ gleich dem generalisierten Eigenvektor von **A** und **B** gesetzt wird, der mit dem maximalen Eigenwert korrespondiert (Anhang A.1). Abbildung 5.5 zeigt beispielhaft die entsprechenden generalisierten Eigenbeams für zwei MTs in unterschiedlichen Szenarien.

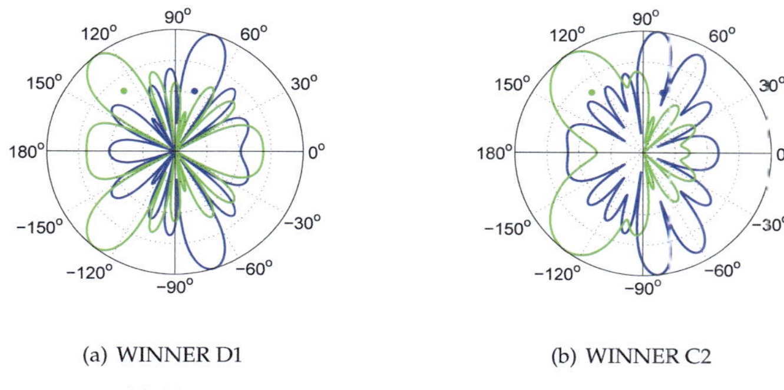

(a) WINNER D1 (b) WINNER C2

Abbildung 5.5: Generalisierte Eigenbeams und SDMA

Während für ländliche Umgebung (WINNER D1) häufig LOS-Pfade auftreten, sind bei den städtischen Szenarien (WINNER C2) in der Regel NLOS-Verbindungen zu beobachten. Daher ist die Richtwirkung der Beams bei den ländlichen Szenarien ähnlich zu den vordefinierten Beams und stimmt im Wesentlichen mit der Position der MTs überein. Bei den städtischen Szenarien hingegen können deutliche Abweichungen der Richtwirkung und der Position des Nutzers festgestellt werden.

5.3 Zeroforcing Beams

Ist bei der Basisstation die vollständige Kanalkenntnis von allen MTs eines Sektors vorhanden, so können die Beams derart bestimmt werden, dass keine Interferenz bei den anderen MTs auftritt (Zeroforcing). Dafür werden die Übertragungsvektoren $\vec{H}_j$ der MTs in einer Kanalmatrix zusammengefasst [YG05].

$$\mathbf{H}_{\mathrm{ZF}} = \begin{pmatrix} \vec{H}_1 \\ \vec{H}_2 \\ \vdots \\ \vec{H}_J \end{pmatrix}$$

Unter der Annahme, dass die Spalten von $\mathbf{H}_{\mathrm{ZF}}$ linear unabhängig sind, berechnet sich die Beamforming-Matrix $\mathbf{W}_{\mathrm{ZF}}$ zu:

$$\mathbf{W}_{\mathrm{ZF}} = \mathbf{H}_{\mathrm{ZF}}^{*} \left(\mathbf{H}_{\mathrm{ZF}} \mathbf{H}_{\mathrm{ZF}}^{*}\right)^{-1}$$

Für den i-ten Spaltenvektor von $\mathbf{W}_{\mathrm{ZF}}$ gilt dementsprechend:

$$\vec{H}_j \mathbf{W}_{\mathrm{ZF}}(1 \cdots J, i) = \begin{cases} 1 & , i = j \\ 0 & , sonst \end{cases}$$

Der Beamforming-Vektor für Nutzer i entspricht somit, bei gleicher Leistung pro Beam, dem normierten i-ten Spaltenvektor der Beamforming-Matrix $\mathbf{W}_{\mathrm{ZF}}$.

$$\vec{w}_i = \frac{\mathbf{W}_{\mathrm{ZF}}(1 \cdots J, i)}{\sqrt{J}\,|\mathbf{W}_{\mathrm{ZF}}(1 \cdots J, i)|}$$

In Abbildung 5.6 sind für ein Beispiel mit zwei Nutzern die Zeroforcing Beams in unterschiedlichen Szenarien dargestellt. Auch hier ist die Richtwirkung der Beams bei den ländlichen Szenarien ähnlich denen von vordefinierten Beams. Bei den städtischen Szenarien wird das Antennendiagramm jedoch über einen großen Bereich des Sektors verschmiert. Dadurch ist die Orthogonalität der Beams anhand der Antennendiagramme nicht mehr ersichtlich.

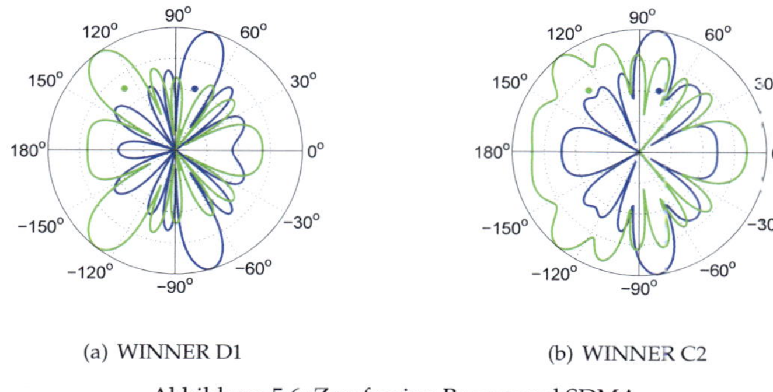

(a) WINNER D1 (b) WINNER C2

Abbildung 5.6: Zeroforcing Beams und SDMA

5.4 Ergebnisse

Die quantitative Auswertung der Beamforming-Techniken erfolgt anhand der Abwärtsstrecke von der Basisstation mit 8 Sendeantennen zu einem MT. Das MT befindet sich innerhalb eines Sektors, wobei die Pfaddämpfung durch Normierung des Übertragungsvektors herausgerechnet wurde. Die Kapazität der Beamforming-Techniken für das städtische und ländliche Kanalmodell (WINNER C2 und D1) ist in Abbildung 5.7 angegeben.

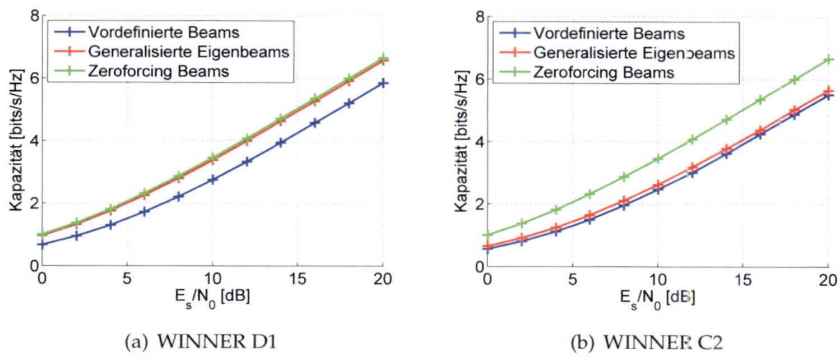

(a) WINNER D1 (b) WINNER C2

Abbildung 5.7: Kapazität der Beamforming-Techniken

Während die Performanz der Zeroforcing Beams unabhängig von dem Kanalmodell ist, so verringert sich diese bei den generalisierten Eigenbeams und den vordefinierten Beams von WINNER D1 nach C2. Dies ist bei den generalisierten Eigenbeams mit der größeren Abweichung der Langzeit-Kovarianzmatrix von der tatsächlichen Kovarianzmatrix zu erklären. Die resultierenden Antennendiagramme erzielen dementsprechend eine geringere Nutzleistung bei den Nutzern. Die vordefinierten Beams profitieren bei WINNER D1 im Wesentlichen von dem LOS-Pfad. Insgesamt ist mit zunehmender Kanalkenntnis eine höhere Kapazität zu beobachten.

5.5 Gruppierung

In der Regel werden sich innerhalb des Versorgungsbereichs einer Basisstation mehrere Nutzer aufhalten. Eine zentrale Frage bei SDMA besteht darin, welche Nutzer geeignet sind, um gleichzeitig auf einem Subträger versorgt werden zu können. Bei dem vorgeschlagenen Systemkonzept kommt dieser Frage eine hohe Bedeutung zu, da die Flexibilität in der Ressourcenzuweisung entscheidend von der Gruppierung abhängig ist. In der Literatur sind mehrere Gruppierungsalgorithmen vorgeschlagen worden (z.B. [YG05, FTGR09]). Insbesondere bei den nutzerspezifischen Beams ist die Frage der Gruppierung wichtig, da das Antennendiagramm im hohen Maße von der Gruppierung der Nutzer abhängig ist. Dementsprechend wird die erzeugte Interferenzleistung bei anderen Nutzern im System ebenfalls sehr stark von der Gruppierung beeinflusst. Zur Bestimmung einer optimalen Gruppe müsste in einem selbstorganisierenden System diese Interferenzleistung durch Messungen ermittelt werden, was mit einem erheblichen Aufwand einhergeht. Daher ist die Zielsetzung bei der Gruppierung für das Systemkonzept, dass sich die erzeugte Interferenzleistung möglichst geringfügig ändert. Im Folgenden wird für die vorgestellten Beamforming-Techniken die Frage der Gruppierung diskutiert.

5.5.1 Vordefinierte Beams

Bei den vordefinierten Beams ist keinerlei Kanalkenntnis vorhanden. Im Mittel sind jedoch hohe Intrazellinterferenzen zu erwarten, sofern räumlich benachbarte Beams geschaltet werden. Daher werden bei den vordefinierten Beams keine benachbarten Beams geschaltet, so dass maximal drei Nutzer pro Sektor gleichzeitig auf einem Subträger versorgt werden können (Abbildung 5.8). Das Signal-Interferenz-Verhältnis ist entsprechend der Nebenzipfeldämpfung größer als 35 dB.

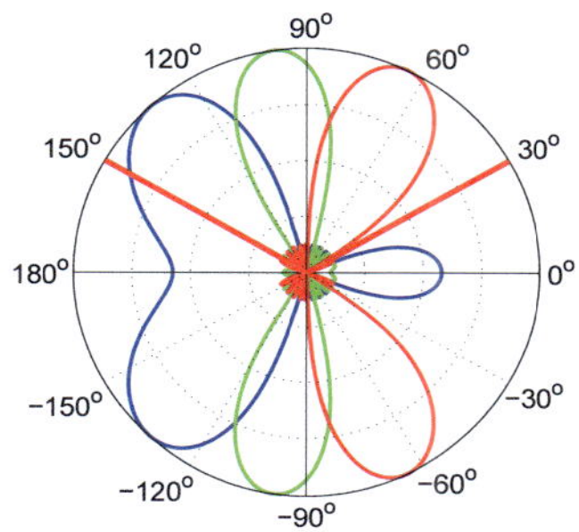

Abbildung 5.8: Vordefinierte Beams für drei Nutzer

5.5.2 Generalisierte Eigenbeams

Für die Gruppierung von Nutzern bei den generalisierten Eigenbeams wird auf die Verringerung der Nutzleistung zurückgegriffen. Ein Nutzer wird einer Gruppe zugeordnet, sofern sich die Nutzleistung der anderen Nutzer in der Gruppe nicht zu stark verringert. In diesem Fall ist das Antennendiagramm vor und nach der Gruppierung stark korreliert. Ein Nutzer wird einer Gruppe zugeordnet, sofern für die Beamforming-Vektoren gilt,

$$\vec{w}^*_{\text{post},i}\vec{H}^*_{b,i}\vec{H}_{b,i}\vec{w}_{\text{post},i} > \beta \cdot \vec{w}^*_{\text{prev},i}\vec{H}^*_{b,i}\vec{H}_{b,i}\vec{w}_{\text{prev},i}$$

wobei $\vec{w}_{\text{prev},i}$ und $\vec{w}_{\text{post},i}$ die normierten Beamforming-Vektoren des i-ten Nutzers der Gruppe ohne den bzw. mit dem neu gruppierten Nutzer sind. Mit β wird der Grenzwert festgelegt.

5.5.3 Zeroforcing Beams

In [YG05] wird ein sehr effizientes Verfahren vorgeschlagen, Nutzer für die Zeroforcing Beams zu gruppieren, indem die Orthogonalität der Kanalvektoren herangezogen wird. Dabei gilt, je kleiner das Skalarprodukt der normierten Kanalvektoren ist, desto geringer die gegenseitige Beeinflussung der Beams. Zwei Nutzer sind geeignet für eine Gruppe, sofern das Skalarprodukt kleiner als der Grenzwert ϵ ist.

$$\left| \frac{\vec{H}_i \vec{H}_j^*}{\left\| \vec{H}_i \right\|_2 \left\| \vec{H}_j \right\|_2} \right| < \epsilon$$

5.5.4 Ergebnisse

Die Bewertung der Algorithmen erfolgt anhand der idealen Nutzergruppierung der jeweiligen Beamforming-Technik. Diese wird nach dem Brute-Force-Search-Algorithmus bestimmt. Für die beschriebenen Gruppierungsalgorithmen wird ebenfalls die Gruppe mit der höchsten Kapazität für die Auswertung herangezogen. Für die Simulation wird die Abwärtsstrecke von der Basisstation zu mehreren MTs analysiert, die sich innerhalb eines Sektors aufhalten. Die Pfaddämpfung ist wiederum durch Normierung des Übertragungsvektors herausgerechnet, so dass alle Nutzer mit gleicher Wahrscheinlichkeit gruppiert werden. In den Abbildungen 5.9 und 5.10 sind die Kapazitäten für 4 bzw. 8 Nutzer in städtischer und ländlicher Umgebung (WINNER C2 und D1) dargestellt. Die durchgezogenen Linien geben jeweils die optimale Gruppierung der Beamforming-Techniken wieder. Als obere Schranke ist zudem die optimale Lösung mittels Iterative Waterfilling [JRV$^+$05] bestimmt worden. Der Grenzwert für die generalisierten Eigenbeams (GEB) beträgt $\beta = 0{,}75$ und der für Zeroforcing Beams (ZFB) $\epsilon = 0{,}5$. Genau wie bei den Szenarien mit einem Nutzer ist die Kapazität der generalisierten Eigenbeams am stärksten von dem Kanalmodell abhängig. Die Ergebnisse zeigen weiterhin, dass die Gruppierungsalgorithmen nahezu die Leistungsfähigkeit der jeweils idealen Lösung erreichen und somit geeignet für das Systemkonzept sind.

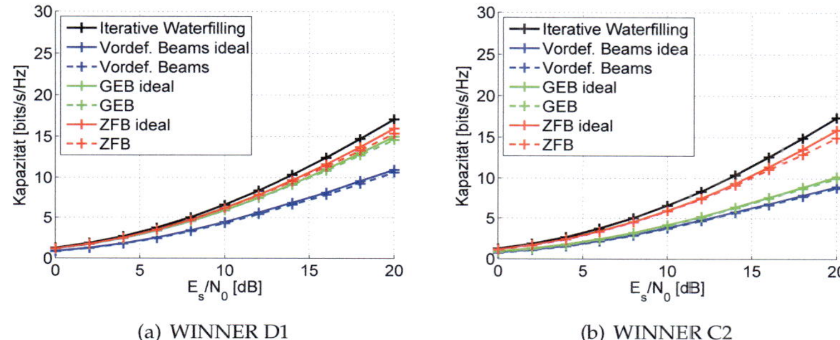

(a) WINNER D1 (b) WINNER C2

Abbildung 5.9: Kapazität der Beamforming-Techniken für 4 Nutzer

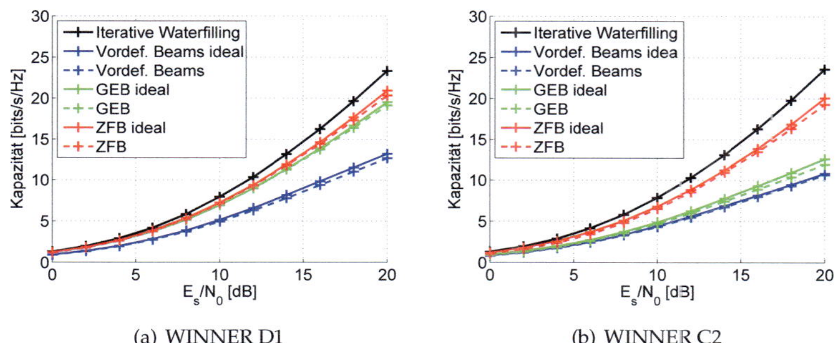

(a) WINNER D1 (b) WINNER C2

Abbildung 5.10: Kapazität der Beamforming-Techniken für 3 Nutzer

VI Scheduling

Der Scheduler ist in einem Nachrichtenübertragungssystem für die Ressourcenvergabe an die Nutzer zuständig. In der Regel werden mehrere MTs um die vorhandenen Ressourcen einer Basisstation konkurrieren, da diese nur begrenzt zur Verfügung stehen. Bei der Verteilung der Ressourcen ist zu berücksichtigen, dass die MTs, aufgrund der Frequenzselektivität des Kanals und der individuellen Interferenzsituation, unterschiedliche Qualität der Übertragung auf den Ressourcen erzielen. In Zeitrichtung sind die Ressourcen infolge der Mobilität der MTs ebenfalls unterschiedlich gut geeignet. Scheduling-Verfahren, die eine optimale Ausnutzung der Ressourcen erreichen, sind somit von entscheidender Bedeutung für die Systemperformanz. Der Entwurf geeigneter Scheduling-Verfahren orientiert sich dabei an dem Optimierungskriterium wie Durchsatzmaximierung, Fairness im System oder Nutzerzufriedenheit.

In dem betrachteten Systemkonzept stehen dem Scheduler sowohl die Kanalkenntnis der physikalischen Schicht (PHY), als auch die QoS-Parameter der Data Link Control Schicht (DLC) zur Verfügung. Mit anderen Worten, für den Scheduler wird ein schichtübergreifender Ansatz verfolgt, der im Vergleich zu herkömmlichen Verfahren sehr gute Ergebnisse erzielt [AHSB+06, GCR05]. Für ein MIMO-OFDM basiertes Übertragungssystem, welches Beamforming zur Trennung von MTs im Raum einsetzt, ergeben sich als Ressourcen Raum-Zeit-Frequenzblöcke (STF-Blöcke). In Abbildung 6.1 ist dies an einem Beispiel von drei MTs visualisiert. Die nutzerspezifischen QoS-Parameter der Anwendungen stehen dem Scheduler über die DLC-Schicht zur Verfügung. Des Weiteren werden die Kanalinformationen von allen MTs über die PHY-Schicht mit einbezogen, anhand derer die Beamforming-Vektoren berechnet beziehungsweise bestimmt werden. In dem dargestellten Beispiel werden auf allen Frequenzblöcken jeweils zwei Beams geschaltet. Während die ersten beiden MTs in Frequenzrichtung getrennt sind, wird parallel über die gesamte Bandbreite das dritte MT versorgt.

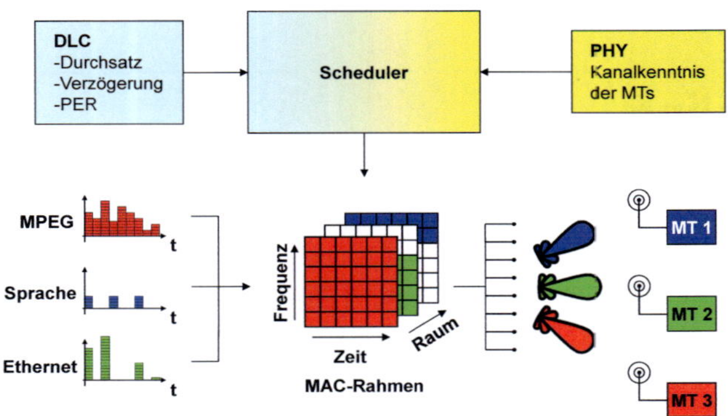

Abbildung 6.1: Schichtübergreifender Scheduler

Die Herausforderung beim Entwurf von Scheduling-Verfahren besteht in der Formulierung einer Optimierungsaufgabe, die die gewünschte Systemperformanz in mathematischer Form abbildet. Die Bestimmung der Lösung solcher Optimierungsaufgabe ist im Allgemeinen NP-hart, d.h. die Komplexität der Algorithmen wächst exponentiell. Daher werden heuristische Algorithmen zur Lösung der Optimierungsaufgabe herangezogen. Ein vielversprechender Ansatz für den Scheduler sind hier die Utility basierten Algorithmen, welche ein klar definiertes Optimierungskriterium besitzen [Son05]. Diese ermöglichen einen Kompromiss zwischen Fairness und Maximierung der Nutzerzufriedenheit durch geeignete Wahl der Utility-Funktion. Die Utility basierten Algorithmen werden im Folgenden genauer beschrieben.

6.1 QoS-Parameter

Zur quantitativen Auswertung des Systemkonzepts werden die in Tabelle 6.1 angegebenen QoS-Parameter herangezogen. Jeder nutzerspezifische Datenstrom wird durch diesen Satz von QoS-Parametern beschrieben. Diese sind die maximal zulässige Verzögerung, die Paketfehlerrate und die geforderte Datenrate. Ein Nutzer ist zufrieden, sofern alle QoS-Parameter eingehalten werden. Im Umkehrschluss ist ein Nutzer unzufrieden, sofern die Qualität der Nachrichtenübertragung auch nur einmal verletzt wurde.

Tabelle 6.1: QoS-Parameter

Parameter	**Abkürzung**
Maximale Verzögerungszeit	τ_{QoS}
Paketfehlerrate	$\mathrm{PER}_{\mathrm{QoS}}$
Datenrate (Pakete pro MAC-Rahmen)	p_{QoS}

6.2 Utility basiertes Scheduling

Ziel der Utility basierten Algorithmen ist es, die optimale Kombination für die Verteilung der Ressourcen an die Nutzer zu finden, die die Summen-Utility U_s maximiert,

$$U_s = \max_{D_i, i \in M} \sum_{i=1}^{M} U_i\left(f(D_i)\right) \tag{6-1}$$

wobei U_i die Utility-Funktion des i-ten Nutzers bezeichnet und M für die Anzahl von Nutzern steht. Die Funktion $f(D_i)$ wird in Abhängigkeit der zugewiesenen Ressourcen D_i bestimmt, welche eine Untermenge aller Ressourcen D ist. Als Randbedingung für die Optimierungsaufgabe gelten die folgenden Beziehungen:

$$\bigcup_{i=1}^{M} D_i \subseteq D$$

$$D_i \bigcap D_j = \emptyset,\ i \neq j$$

Der erste Term garantiert, dass alle Ressourcen verteilt werden und der zweite Term stellt sicher, dass die Ressourcen exklusiv vergeben werden. Das Scheduling wird in jedem MAC-Rahmen ausgeführt. Im Folgenden wird auf zwei unterschiedliche Ansätze zur Wahl der Utility-Funktion eingegangen.

6.2.1 Utility-Funktion basierend auf der Datenrate

Bei der Utility-Funktion basierend auf der Datenrate wird als Argument hauptsächlich die Summe der Datenraten auf den zugewiesenen Ressourcen eines MAC-Rahmens berücksichtigt. Repräsentativ für die Datenrate wird im Folgenden die Anzahl von Bits pro MAC-Rahmen betrachtet, die hinsichtlich der geforderten Datenrate $p_{i,\mathrm{QoS}}$ normiert werden.

$$g_i(n) = \frac{1}{p_{i,\mathrm{QoS}}} \sum_{d \in D_i} g_{i,d}(n)$$

Die Anzahl der Bits pro MAC-Rahmen des i-ten Nutzers auf Ressource d zum Zeitpunkt n wird dabei mit $g_{i,d}(n)$ bezeichnet. Mit Hilfe von $g_i(n)$ wird die Qualität der Übertragung in Raum- und Frequenzrichtung der Nutzer abgebildet. Die zeitliche Komponente, welche die Übertragung der Nutzer in vorangegangenen MAC-Rahmen mit einbezieht, wird durch rekursive Filterung erreicht.

$$f(D_i) = \overline{g}_i(n) = \alpha \cdot \overline{g}_i(n-1) + (1-\alpha) \cdot g_i(n) \tag{6-2}$$

Fairness unter den Nutzern wird durch einen logarithmischen Verlauf der Utility-Funktion erzielt. In der Literatur wird in diesem Fall von Proportional Fair Scheduling (PFS) gesprochen [KH05]. Mit dem logarithmischen Verlauf wird sichergestellt, dass Nutzer mit geringer Datenrate in der Vergangenheit bevorzugt den Ressourcen zugeteilt werden. Weiterhin werden jeweils die Ressourcen favorisiert, die relativ gute Leistungsfähigkeit in Bezug auf die Raum- und Frequenzrichtung erzielen. PFS wertet jedoch lediglich die Information über den Kanal aus. Wichtig für die Zufriedenheit eines Nutzers ist hauptsächlich die maximal zulässige Verzögerung τ_{QoS}. Ein Verfahren, welches diesem Umstand Rechnung trägt, ist in der Literatur unter Modified Largest Weighted Delay First (M-LWDF) Scheduling bekannt [AKR$^+$01]. In Zusammenhang mit PFS bedeutet dies, dass eine zusätzliche Gewichtung des logarithmischen Verlaufs mit der Verzögerung des ersten Paketes in der Warteschlange T_i eines Nutzers vorgenommen wird. Es werden also ebenfalls Nutzer bevorzugt, deren Pakete lange in der Warteschlange verweilen. Die resultierende Utility-Funktion ist somit durch Gleichung (6-3) gegeben (Abbildung 6.2).

$$U_i\left(\overline{g}_i(n)\right) = T_i \cdot \begin{cases} \log\left(\overline{g}_i(n)\right) & , g_i(n) \leq g_{i,\max}(n) \\ \log\left(\overline{g}_{i,\max}(n)\right) & , g_i(n) > g_{i,\max}(n) \end{cases} \tag{6-3}$$

Der Parameter $g_{i,\max}(n)$ garantiert, dass einem Nutzer keine weiteren Ressourcen zugeteilt werden, sofern sich keine weiteren Pakete in seiner Warteschlange befinden.

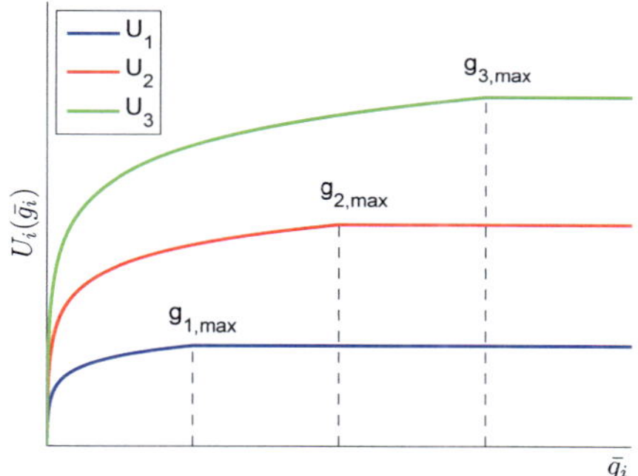

Abbildung 6.2: Utility-Funktionen basierend auf der Datenrate für 3 Nutzer

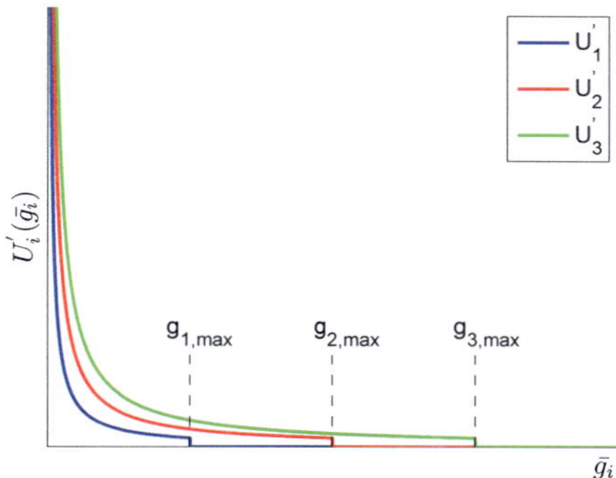

Abbildung 6.3: Ableitung der Utility-Funktionen basierend auf der Datenrate für 3 Nutzer

Der Wert für $\overline{g}_{i,\max}(n)$ ergibt sich dabei aus Gleichung (6-2) mit $g_i(n) = g_{i,\max}(n)$. Entscheidend für die Zuteilung einer Ressource an einen Nutzer ist der Gewinn in der Summen-Utility für die zugewiesene Anzahl von Bits pro MAC-Rahmen. Daher ist die Ableitung der Utility-Funktion von besonderem Interesse (siehe 6.2.3).

$$\frac{dU_i\left(\overline{g}_i(n)\right)}{d\overline{g}_i(n)} = \begin{cases} \frac{T_i}{\overline{g}_i(n)} & , g_i(n) \leq g_{i,\max}(n) \\ 0 & , g_i(n) > g_{i,\max}(n) \end{cases}$$

In Abbildungen 6.2 sind die Utility-Funktionen für mehrere Nutzer mit unterschiedlichen Wartezeiten des ersten Pakets in der Warteschlange T_i und gleicher Datenratenanforderung $p_{i,\text{QoS}}$ abgebildet. Abbildung 6.3 zeigt die dazugehörigen Ableitungen.

6.2.2 Utility-Funktion basierend auf der Verzögerung

Im Gegensatz zu der Utility-Funktion basierend auf der Datenrate wird bei dieser Utility-Funktion die Wartezeit der Pakete in der Warteschlange minimiert [Son05]. Dafür wird der Parameter Q_i eingeführt, welcher die Anzahl von Paketen in der Warteschlange bezeichnet. Dieser ergibt sich aus der Multiplikation der Wartezeit der Pakete in der Warteschlange W_i mit der Anzahl von neuen Paketen pro MAC-Rahmen $p_{i,\text{QoS}}$.

$$Q_i(n) = W_i(n) \cdot p_{i,\text{QoS}}$$

Alternativ lässt sich $Q_i(n)$ auch durch die Anzahl von Paketen in der Warteschlange zum Zeitpunkt $n-1$, der Anzahl von neuen Paketen pro MAC-Rahmen $p_{i,\text{QoS}}$ und der Anzahl von übertragenen Paketen des aktuellen MAC-Rahmens $p_i(n)$ ausdrücken.

$$Q_i(n) = Q_i(n-1) + p_{i,\text{QoS}} - p_i(n)$$

Die Anzahl von übertragenen Paketen des aktuellen MAC-Rahmens $p_i(n)$ ergibt sich wiederum aus der Anzahl von Bits pro MAC-Rahmen $g_i(n)$.

$$p_i(n) = \sum_{d \in D_i} g_{i,d} \text{ [Pakete]} \tag{6-4}$$

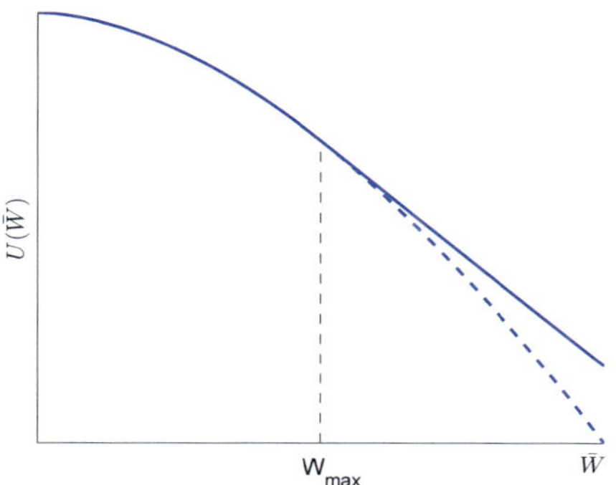

Abbildung 6.4: Utility-Funktion basierend auf der Verzögerung

Der zeitliche Verlauf wird auch bei dieser Utility-Funktion mittels rekursiver Filterung einbezogen.

$$\overline{Q}_i(n) = \alpha \cdot \overline{Q}_i(n-1) + (1-\alpha) \cdot Q_i(n)$$

Die mittlere Wartezeit der Pakete in der Warteschlange W_i und damit das Argument der Utility-Funktion ergibt sich somit zu:

$$f(D_i) = \overline{W}_i(n) = \frac{\overline{Q}_i(n)}{p_{i,\mathrm{QoS}}}$$

Das Ziel der Utility-Funktion besteht darin, Nutzer mit langen Wartezeiten bei der Ressourcenverteilung zu bevorzugen. Dieses Verhalten wird mit der folgenden Klasse von Utility-Funktionen erreicht (siehe Abbildung 6.4).

$$U_i(\overline{W}_i(n)) = \begin{cases} -\frac{1}{\gamma_i}\overline{W}_i(n)^{\gamma_i} & , \overline{W}_i(n) \leq W_{i,\max} \\ a + b \cdot \overline{W}_i(n) & , \overline{W}_i(n) > W_{i,\max} \end{cases} \tag{6-5}$$

Mit dem Parameter $W_{i,\max}$ wird sichergestellt, dass Nutzer mit sehr großen Wartezeiten der Pakete die Performanz der anderen Nutzer nicht zu stark beeinflussen, indem sie alle Ressourcen für sich beanspruchen. Dieser Parameter ändert sich nicht über die Zeit und wird fest vorgegeben. Die Werte für a und b ergeben sich aus der Differenzierbarkeit der Utility-Funktion.

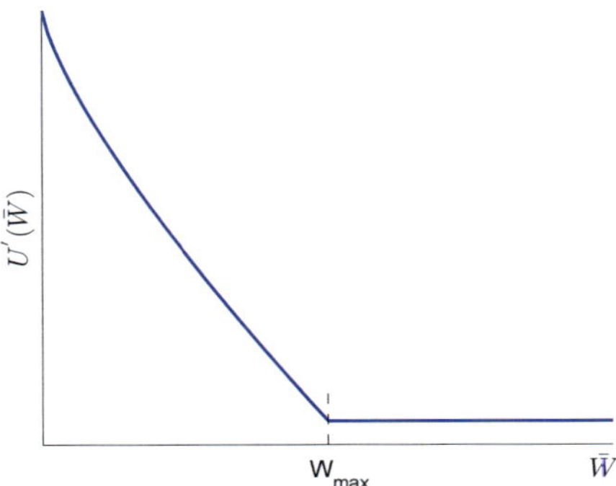

Abbildung 6.5: Ableitung der Utility-Funktion basierend auf der Verzögerung

$$
\begin{aligned}
a &= -\frac{1}{\gamma_i} W_{i,\max}(n)^{\gamma_i} \\
b &= \frac{d\left(-\frac{1}{\gamma_i}\overline{W}_i(n)^{\gamma_i}\right)}{d\overline{W}_i(n)}|_{W_{i,\max}} = -W_{i,\max}^{\gamma_i - 1}
\end{aligned}
$$

Die Ableitung der Utility-Funktion ergibt sich zu:

$$
\frac{dU_i(\overline{W}_i(n))}{d\overline{W}_i(n)} = \begin{cases} -\overline{W}_i(n)^{\gamma_i - 1} & , \overline{W}_i(n) \leq W_{i,\max} \\ b & , \overline{W}_i(n) > W_{i,\max} \end{cases}
$$

In Abbildungen 6.4 ist der prinzipielle Verlauf der Utility-Funktion abgebildet. Abbildung 6.5 zeigt die dazugehörige Ableitung. Die gestrichelte Linie in Abbildung 6.4 deutet die Fortsetzung des ersten Falls in Gleichung (6-5) an.

6.2.3 Sorting-Search Algorithmus

Die Bestimmung der optimalen Ressourcenvergabe an die Nutzer ist im Allgemeinen NP-hart. Daher wird in dieser Arbeit der suboptimale Algorithmus von Song [Son05] verwendet. Dieser berechnet die Ressourcenvergabe für den Fall von zwei Nutzern. Die Ressource d wird dem Nutzer i zugeteilt, sofern dieser bezüglich der Ableitung

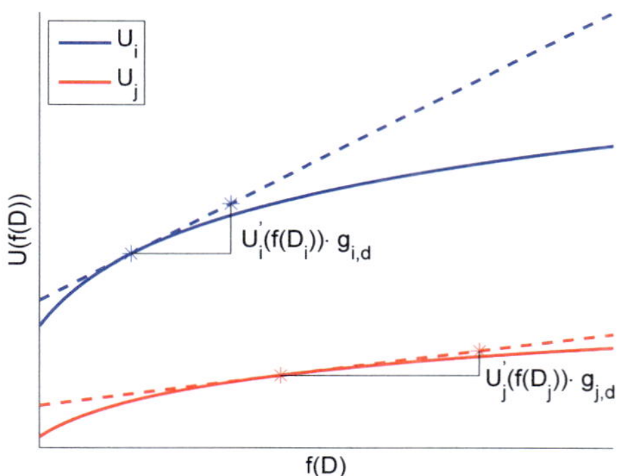

Abbildung 6.6: Visualisierung des Sorting-Search Algorithmus

der Utility-Funktion U_i, gewichtet mit der Anzahl von Bits $g_{i,d}$, den größten Gewinn erzielt.

$$\left|\frac{dU_i(f(D_i))}{df(D_i)} \cdot g_{i,d}\right| \geq \left|\frac{dU_j(f(D_j))}{df(D_j)} \cdot g_{j,d}\right|$$

Die Ableitung kann als Linearisierung der Utility-Funktion an der Stelle $f(D)$ interpretiert werden. Mit der Gewichtung durch die Anzahl von Bits g_d wird der Gewinn in der Summen-Utility abgeschätzt. In Abbildung 6.6 ist dies beispielhaft für zwei Utility-Funktionen dargestellt.

Durch iterative Anwendung dieses Algorithmus kann die Ressourcenvergabe für mehrere Nutzer durchgeführt werden. Voraussetzung für den Algorithmus ist, dass die Utility-Funktionen konkav und differenzierbar sind. Dies ist für die angeführten Utility-Funktionen jedoch nicht der Fall, weswegen für die Ressourcenverteilung zunächst nur der jeweils erste Fall von Gleichung (6-3) bzw. (6-5) betrachtet wird. Die resultierende Ressourcenvergabe weist unter Umständen Nutzern zu viele Ressourcen zu, so dass diese an andere Nutzer vergeben werden können. Hierfür wird sukzessive nach dem Greedy-Search-Verfahren dem Nutzer eine nicht benötigte Ressource zugeteilt, der den größten Gewinn in der Summen-Utility erzielt.

6.3 Ergebnisse

Die Auswertung des Utility basierten Schedulings erfolgt anhand von 4 bzw. 8 Nutzern, denen jeweils die doppelte Anzahl von Nutzkanälen zur Verfügung steht. Die Nutzkanäle werden mittels unabhängigen Rician-Fading Kanälen (v=5 km/h) mit einem K-Faktor von 3 und einem mittlerem SINR von 16,7 dB modelliert. Diese sollen zufällig verteilte Zeit-Frequenzblöcke innerhalb der Systembandbreite eines OFDM-Systems repräsentieren. Anhand der vorgegebenen Paketfehlerrate von 0,01 wird eine Link-Adaption durchgeführt. In Tabelle 6.2 sind die SNR-Werte und die zugehörige Anzahl von Bits pro Zeit-Frequenzblock aufgeführt.

Tabelle 6.2: Link-Adaption

SNR	**Bits**
-1,6 dB	52
1,8 dB	104
4,8 dB	208
11,1 dB	416
16,7 dB	624
20 dB	832

Alle 2 ms wird die Warteschlange der MTs mit einem Paket gefüllt. In den Abbildungen 6.7 und 6.8 ist die mittlere Verzögerung der Pakete in Abhängigkeit der Anzahl von Bits pro Paket abgebildet. Als Referenz dient eine feste Zuordnung der Nutzer zu den Nutzkanälen. Beide Utility-Funktionen verringern die mittlere Verzögerung erheblich. Mit steigender Anzahl von Ressourcen wird der Gewinn gegenüber der festen Zuordnung nochmals gesteigert (Abbildung 6.8), da eine größere Flexibilität in der Zuordnung der Ressourcen besteht. Die Utility-Funktion basierend auf der Verzögerung erzielt das beste Ergebnis, da hier hinsichtlich der Verzögerung optimiert wird.

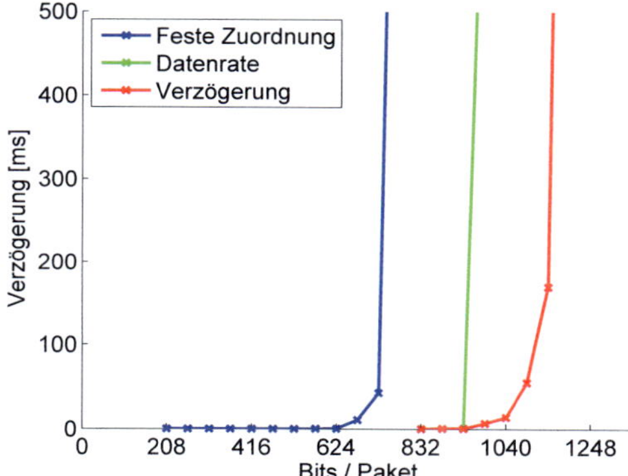

Abbildung 6.7: Performanz der Utility-Funktionen für 4 Nutzer und 8 Kanäle

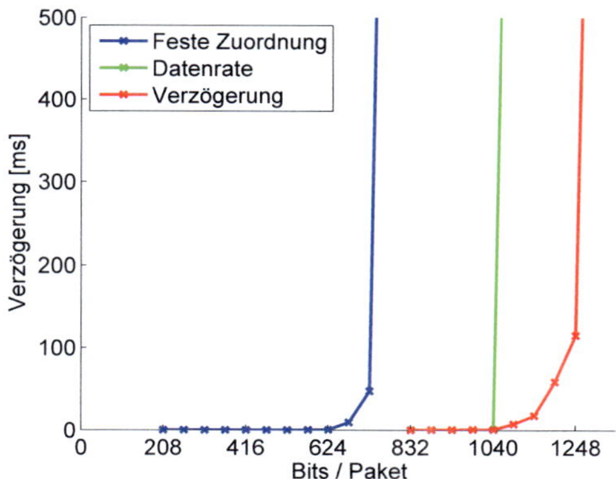

Abbildung 6.8: Performanz der Utility-Funktionen für 8 Nutzer und 16 Kanäle

VII

Systemkonzept

In diesem Kapitel wird ein Systemkonzept basierend auf MISO-OFDM erläutert und es werden Einflüsse verschiedener Parameter analysiert. Dafür wird angenommen, dass alle Nutzer und Basisstationen in Zeit und Frequenz synchronisiert sind [GMRW03]. Interferenzen aus benachbarten Zellen beeinträchtigen somit nicht das gesamte Spektrum, sondern lediglich den jeweiligen Subträger. Damit ist es möglich ein Gleichwellennetz umzusetzen, welches in der Lage ist, die Ressourcen dort zur Verfügung zu stellen, wo sie benötigt werden. Dies ist eine sehr vorteilhafte Systemeigenschaft, sofern eine ungleichmäßige Nutzerverteilung vorliegt. Weiterhin wird für das Systemkonzept Beamforming betrachtet, welches eine räumliche Trennung der Nutzer auf einem Zeit-Frequenzblock ermöglicht (siehe Kapitel 5). Die Vergabe sämtlicher Ressourcen wird durch einen selbstorganisierenden Ansatz realisiert; die Basisstationen tauschen also keine Informationen über das kabelgebundene Basisnetz aus. Neben der geringeren Komplexität für das Basisnetz sind solche selbstorganisierenden Systeme ohne großen Aufwand durch weitere Zellen erweiterbar.

Die Ausgangslage für den Entwurf des Systemkonzepts sind autonom betriebene Basisstationen. Aus diesem Grund wird in dem Systemkonzept auf Messungen der Interferenzleistungen zurückgegriffen, um die Selbstorganisation der Basisstationen zu realisieren. Dieser Ansatz beruht darauf, dass die Interferenzsituation im System messbar und vorhersagbar ist. Damit können sowohl die Nutzer als auch die Basisstationen durch Messungen die momentane Interferenzsituation erfassen und eine geeignete Ressourcenauswahl treffen [FGR11]. Die von einer Basisstation allokierten Ressourcen werden über lange Zeiträume zugeteilt, so dass die Vorhersagbarkeit gewährleistet ist.

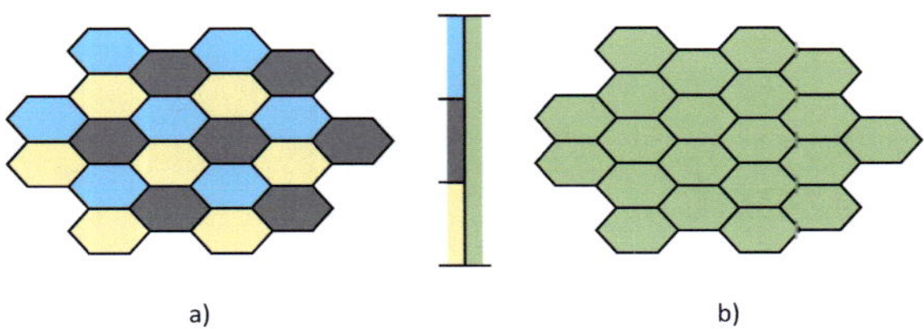

Abbildung 7.1: Frequenzplanung versus Gleichwellennetz

7.1 Zellulare Netze

In zellularen Netzen spielt die Vergabe der Ressourcen an die Basisstationen eine zentrale Rolle für die Performanz des Systems. Die Zielsetzung der Ressourcenvergabe besteht in der Minimierung der Interferenzen aus anderen Zellen bei gleichzeitig hoher Wiederverwendung der Ressourcen im Netz. Hierbei wird zwischen der statischen und der dynamischen Ressourcenvergabe unterschieden. Bei der statischen Ressourcenvergabe werden benachbarten Zellen unterschiedliche Frequenzbereiche der Systembandbreite zugeteilt. Dieses Verfahren kommt beispielsweise beim GSM-Standard zum Einsatz und ist in Abbildung 7.1 a) für drei Frequenzbereiche dargestellt. Der Nachteil dieses Verfahrens besteht darin, dass bei ungleichmäßiger Nutzerverteilung Zellen mit hohem Nutzeraufkommen nur die begrenzten Ressourcen zur Verfügung stehen. Bei der dynamischen Verteilung der Ressourcen kann demgegenüber Zellen mit hohem Nutzeraufkommen prinzipiell die gesamte Bandbreite zugeteilt werden (Abbildung 7.1 b)). Die dynamische Ressourcenvergabe kann entweder durch eine Instanz, welche mehrere Basisstationen koordiniert, oder durch einen selbstorganisierenden Ansatz realisiert werden (Abbildung 7.2). Die Koordination der Basisstationen erfordert einen erheblichen Signalisierungsaufwand zwischen der Instanz und den Basisstationen. Zudem ist die Bestimmung der optimalen Vergabe der Ressourcen für zellulare Netze NP-hart und es muss auf heuristische Algorithmen zurückgegriffen werden. Bei dem selbstorganisierenden Ansatz entfällt die Signalisierung, da hier Messungen der Interferenzleistung als Grundlage für die Ressourcenvergabe und Ressourcennutzung dienen.

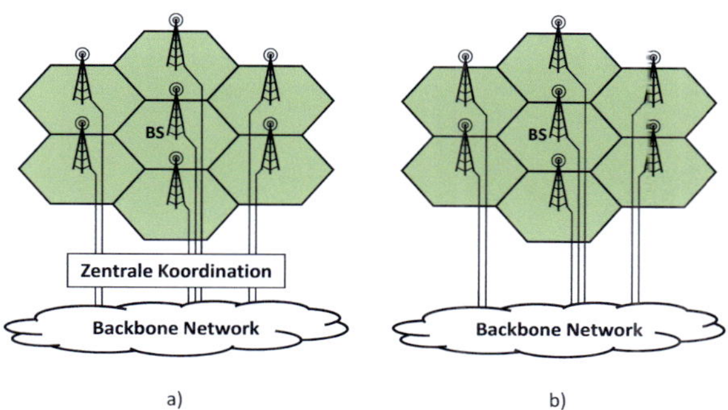

Abbildung 7.2: Koordination versus Selbstorganisation

ZELLGRÖSSE — Die Größe des Versorgungsbereichs einer Basisstation hat in einem Gleichwellennetz maßgeblichen Einfluss auf die Dauer des Guard-Intervalls. Im Gegensatz zum ursprünglichen Systementwurf in Unterkapitel 3.4 müssen in einem Gleichwellennetz zusätzlich die Laufzeiten aus benachbarten Zellen berücksichtigt werden. Damit sichergestellt ist, dass Subträger von OFDM-Symbolen aus benachbarten Zellen ausschließlich denselben Subträger des OFDM-Symbols beeinträchtigen, muss der maximale Laufzeitunterschied aller Ausbreitungspfade mittels Guard-Intervall kompensiert werden.

Das mittlere SIR eines MTs mit einem relativen Abstand xD $(0 \leq x \leq 1)$ zur versorgenden Basisstation ist unabhängig von dem Abstand D zwischen den Basisstationen.

$$\mathrm{SIR}_{\mathrm{dB}} \sim \log_{10}(xD) - \log_{10}((1-x)\,D) = \log_{10}\left(\frac{x}{1-x}\right)$$

Damit skaliert der Laufzeitunterschied der OFDM-Symbole linear mit der Distanz D.

$$\Delta\tau = \frac{(1-x)D}{c} - \frac{xD}{c} = \frac{(1-2x)}{c}D$$

Mit anderen Worten, je kleiner die Zelle, desto geringer die Dauer des Guard-Intervalls und damit der Overhead eines OFDM-Symbols. Auf der anderen Seite sind jedoch hohe Nutzerdichten für das Systemkonzept von Vorteil, damit die Flexibilität in der Vergabe der STF-Blöcke effizient ausgenutzt werden kann.

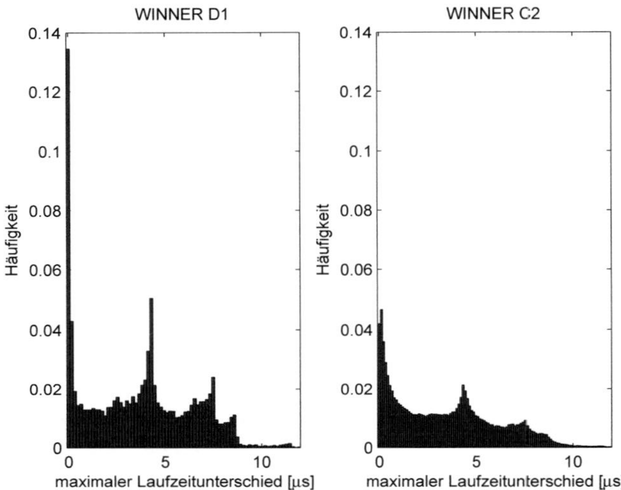

Abbildung 7.3: Maximaler Laufzeitunterschied für Kanalmodell WINNER D1 und C2

Als zweiter Aspekt kommt die Symboldauer ins Spiel. Die Frequenzsynchronisation sämtlicher MTs und Basisstationen erfordert eine hohe Präzision der Oszillatoren. Diese Anforderung steigt mit zunehmender Symboldauer, da sich die Subträgerabstände entsprechend verringern. Im Folgenden wird davon ausgegangen, dass die Frequenzsynchronisation für einen Subträgerabstand von $\Delta f = 20\,\mathrm{kHz}$ durchführbar ist. Daher ist die Symboldauer auf T=50 μs festgelegt und die Dauer des Guard-Intervalls auf 10 μs nach oben beschränkt (Gleichung 3-2).

Für die Bestimmung der maximalen Laufzeitunterschiede werden zufällige Positionen der MTs ausgewürfelt und alle Kanäle berücksichtigt, deren Dämpfung maximal 20 dB größer ist als die des Nutzkanals. In Abbildung 7.3 sind die maximalen Laufzeitunterschiede bei einer Zellgröße von 750 m für die betrachteten Kanalmodelle - städtisches (WINNER C2) und ländliches (WINNER D1) - als Histogramm dargestellt. Aus diesen geht hervor, dass mit einem Guard-Intervall von 10 μs eine Übertragung ohne Interferenzen zwischen benachbarten OFDM-Symbolen erreicht wird. Die Dauer eines OFDM-Symbols ist weiterhin durch die Kohärenzzeit T_c des Kanals beschränkt, da eine konstante Leistungsfähigkeit auf den STF-Blöcken vorausgesetzt wird. Bei niedrigen Geschwindigkeiten von maximal $v = 5\,\text{km/h}$ ergibt sich eine minimale Kohärenzzeit T_c des Kanals von

$$T_c \backsimeq \frac{c}{v \cdot f_c} = 43{,}2\,\text{ms}$$

Damit wird die obere Schranke für die Dauer eines OFDM-Symbols für niedrige Geschwindigkeiten eingehalten.

7.2 Ressourcenallokation

Zusätzliche Ressourcen können sowohl von neuen Nutzern wie auch von im Netz befindlichen Nutzern angefordert werden. Im zweiten Fall handelt es sich um Nutzer, die eine zu geringe Übertragungsrate zur Erfüllung der QoS-Parameter zugeteilt bekommen haben. Die Allokationstechnik basiert darauf, dass die Ressourcen mit den geringsten Interferenzleistungen zugewiesen werden. Diese sind unterschiedlich für die Auf- und Abwärtsstrecke einer Verbindung (siehe Abbildung 7.4 und 7.5). In dem Systemkonzept werden die gleichen Resssourcen für die Auf- und Abwärtsstrecke verwendet, so dass in beiden Richtungen die gemessene Interferenzleistung in die Allokation einfließt. Dementsprechend muss die Interferenzleistung sowohl bei der Basisstation als auch beim jeweiligen Nutzer getrennt vermessen werden. Die Basisstation führt während der Aufwärtsstrecke die Messung der Interferenzleistung auf den Ressourcen in Frequenz- und Raumrichtung durch. Die gemessene Interferenzleistung $I_{b,f,s}$ der Basisstation b auf Beam s eines Frequenzblocks f teilt sich auf in die Intrazellinterferenz $I_{\text{intra},b,fs}$ und Interzellinterferenz $I_{\text{inter},b,f,s}$,

$$I_{b,f,s} = I_{\text{intra},b,f,s} + I_{\text{inter},b,f,s} = \sum_i \vec{w}^*_{f,s} \vec{H}^*_{b,f,i} \vec{H}_{b,f,i} \vec{w}_{f,s} + \sum_{j \neq i} \vec{w}^*_{f,s} \vec{H}^*_{b,f,j} \vec{H}_{b,f,j} \vec{w}_{f,s} \quad \text{(7-1)}$$

wobei die Übertragungsfunktionen der MTs innerhalb der Zelle mit i indiziert sind und die für MTs außerhalb mit j. In Abbildung 7.4 sind die Interferenzleistungen farbig für die einzelnen Beams an Basisstation 1 dargestellt.

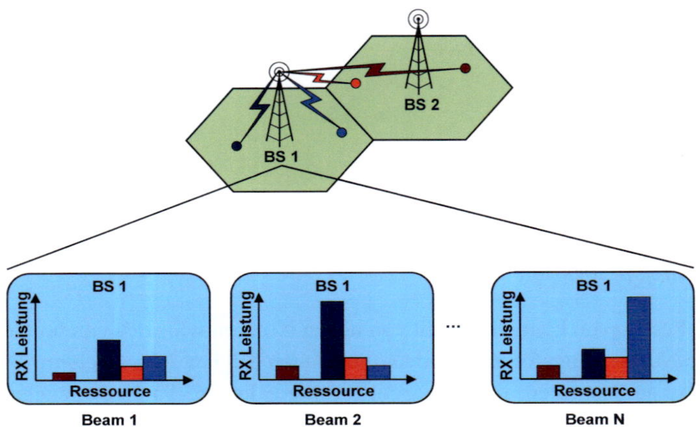

Abbildung 7.4: Interferenzmessung an der Basisstation

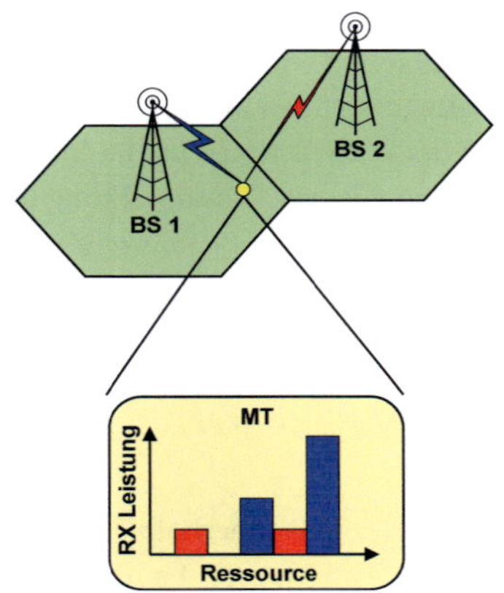

Abbildung 7.5: Interferenzmessung beim MT

Das MT, welches neue Ressourcen anfordert, vermisst die Interferenzleistungen während der Abwärtsstrecke. Hier wird ebenfalls zwischen Intrazellinterferenz und Interzellinterferenz unterschieden.

$$I_{m,f} = I_{\text{intra},m,f} + I_{\text{inter},m,f} = \sum_{i \neq m} \vec{w}^*_{f,i} \vec{H}^*_{b,f,m} \vec{H}_{b,f,m} \vec{w}_{f,i} + \sum_{\tilde{b} \neq b} \sum_{j \in \tilde{b}} \vec{w}^*_{f,j} \vec{H}^*_{\tilde{b},f,m} \vec{H}_{\tilde{b},f,m} \vec{w}_{f,j} \tag{7-2}$$

Die vom MT gemessenen Intra- und Interzellinterferenzen $I_{m,f}$ werden in einem dafür vorgesehenen Zeitschlitz an die Basisstation signalisiert. Vorausgesetzt, dass keine Kollisionen während der Signalisierung auftreten, kann gleichzeitig die Nutzsignalleistung an der Basisstation auf allen Beams gemessen werden. Anhand dieser Information wird die Ressourcenallokation für den Nutzer durchgeführt, sofern genügend freie Ressourcen zur Verfügung stehen. Als Metrik wird soweit nicht anders angegeben die Summe der Interferenzleistungen aus den Gleichungen 7-1 und 7-2 verwendet ($I_{b,f,s} + I_{m,f}$). Dem Nutzer wird sukzessive jeweils die Ressource zugeteilt, die für einen gegebenen Beam s die geringste gemessene Interferenzleistung aufweist (Gleichung 7-3). Ist die geforderte Datenrate erfüllt, so wird die Zuteilung terminiert.

$$\min_{f}(I_{b,f,s} + I_{m,f}) \tag{7-3}$$

Die Messungen der Interferenzleistungen versetzen die Basisstationen in die Lage, die Interferenzsituation im Netz zu erfassen. Die Ressourcenvergabe kann somit sehr effizient in einem selbstorganisierenden Netz durchgeführt werden.

7.3 *Ressourcenumverteilung*

Bei der Ressourcenallokation werden die Ressourcen an die Nutzer verteilt, ohne dass die Nutzleistung in die Entscheidung mit einbezogen wird. Bedingt durch die Frequenzselektivität des Kanals sind die Ressourcen in Frequenzrichtung unterschiedlich gut für die Nutzer geeignet. Sofern mehrere Nutzer über Beams mit ähnlicher Richtcharakteristik versorgt werden, kann eine Umverteilung der Ressourcen nutzbringend sein. Zudem können Ressourcen eines Nutzers - aufgrund der zeitlichen Änderung der Interferenzsituation im Netz - für diesen unbrauchbar werden, während andere Nutzer diese Ressourcen eventuell nutzen können. In diesem Fall ist ebenfalls eine Ressourcenumverteilung sinnvoll. Darüber hinaus führt die Zeitvarianz des Kanals dazu, dass ein Nutzer Perioden mit guten und schlechten Kanaleigenschaften beobachtet. Mit den vorgestellten Utility basierten Scheduling-Verfahren können jeweils die Nutzer mit guten Kanaleigenschaften bevorzugt bei der Ressourcenverteilung bedacht werden. Hierbei ist anzumerken, dass sich die Interferenzsituation durch die Ressourcenumverteilung für die Nutzer in anderen Sektoren nicht ändert. Damit ist auch die Vorhersagbarkeit der Interferenzsituation in der Abwärtsstrecke gewährleistet. Die Informationen für die Ressourcenumverteilung können während der Präambel-Phase zu Beginn eines MAC-Rahmens von allen Nutzern im Versorgungsbereich ermittelt und an die Basisstation signalisiert werden.

7.4 MAC-Rahmen

In Abbildung 7.6 ist die Rahmenstruktur der MAC-Schicht dargestellt. Die Trennung des Datenkanals für die Auf- und Abwärtsstrecke wird mittels Time Division Duplex (TDD) umgesetzt. Dadurch ist die Basisstation in der Lage, den Nutzkanal sowohl für die Auf- als auch die Abwärtsstrecke durch eine Messung zu ermitteln, da derselbe Frequenzbereich genutzt wird. Bei dem Frequency Division Duplex (FDD) Verfahren hingegen müssten die Kanäle in beiden Frequenzbereichen geschätzt werden.

Zu Beginn eines MAC-Rahmens wird ein Zeitschlitz für Nutzer, die Ressourcen anfordern, reserviert. Dieser wird für die Schätzung des Kanals an der Basisstation und die Signalisierung der gemessenen Interferenzleistung des MTs verwendet. In der Präambel-Phase werden von der Basisstation auf den belegten Ressourcen orthogonale Codes gesendet. Anhand dieser Codes können die MTs die Signal-Interferenz-Rausch-Verhältnisse (SINR) ermitteln. Im Anschluss an die Präambel-Phase erfolgt die Signalisierung der Ressourcenbelegung und die Datenübertragung in der Abwärtsstrecke. Während der Aufwärtsstrecke werden die SINR-Werte zusammen mit den Daten von den MTs übermittelt. Zur räumlichen Trennung der Datenströme von den Nutzern an der Basisstation wird empfängerseitig ebenfalls Beamforming eingesetzt. Die Signalisierung der SINR-Werte erlaubt die Durchführung der Link-Adaption.

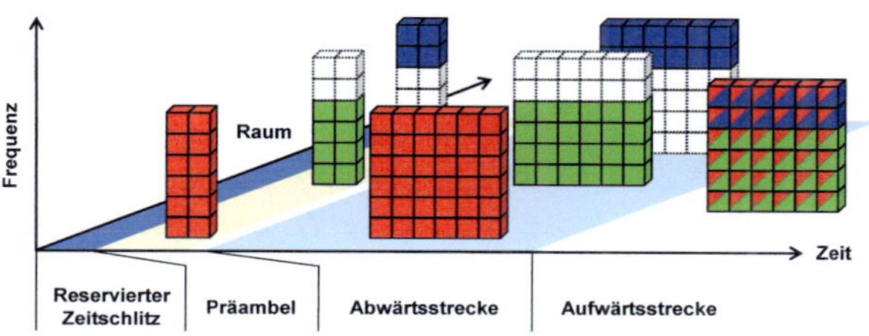

Abbildung 7.6: MAC-Rahmen

7.5 Link-Adaption

In Tabelle 7.1 sind die verwendeten physikalischen Modi (engl. Transmission Mode - TM) angegeben. Für die Codierung wird ein Faltungscoder mit der Einflusslänge 7 verwendet. Allen Modi gemein ist das Generatorpolynom [133 171] ([PS08]).

Tabelle 7.1: Physikalische Modi

Modus	Modulation	Coderrate
TM 1	BPSK	1/3
TM 2	BPSK	2/3
TM 3	QPSK	2/3
TM 4	16-QAM	2/3
TM 5	64-QAM	2/3
TM 6	64-QAM	8/9

7.6 Systemdesign

Im vorangegangenen Abschnitt wurde die Grundidee des Systemkonzeptes erläutert. Auf diesem Konzept aufbauend werden in diesem Abschnitt Einflüsse verschiedener Parameter auf die Systemperformanz quantitativ untersucht. In dem zeitvarianten

Prozess werden variable Datenraten, ein zeitveränderlicher Funkkanal und zeitveränderliche Interferenzen beobachtet. Jedes MT soll nach Möglichkeit mit der geforderten Qualität an die Nachrichtenübertragung (QoS-Paramter) bedient werden. Dazu sind Kompromisse notwendig, die eine gerechte Verteilung der Ressourcen umsetzen. Der zeitvariante Prozess resultiert in einer Änderung der SINR-Werte auf den allokierten Ressourcen. Demzufolge können die Warteschlangen einzelner MTs nicht mehr abgearbeitet werden, da die geforderten Datenraten nicht erfüllt sind. Es stellt sich somit die Frage, wann diese MTs zusätzliche Ressourcen anfordern sollen und wie viele. Davon abgesehen ist zu untersuchen, ob den MTs Ressourcen zugewiesen werden sollten, auf denen eine sehr hohe Interferenzleistung beobachtet wird. Dies könnte zur Beeinträchtigung von sehr vielen MTs in anderen Sektoren führen, die dadurch ihrerseits neue Ressourcen anfordern müssten. Weiterhin ist zu klären, ob die Anzahl von Ressourcen pro MT begrenzt werden sollte, um zu vermeiden, dass ein einzelner Nutzer die anderen MTs zu stark beeinträchtigt. Die Basisstation besitzt zudem Kenntnis über die Nutzleistung der MTs in der eigenen Zelle. Daher ist eine gesonderte Betrachtung der Interferenzleistung aus anderen Zellen und der Interferenzleistung innerhalb der eigenen Zelle sinnvoll. Hier stellt sich die Frage, inwieweit die Leistungsfähigkeit durch diese Information gesteigert werden kann. Bei der Untersuchung dieser Fragen wird vereinfachend davon ausgegangen, dass zwischen den angeführten Aspekten keine Korrelation besteht. Dadurch können diese getrennt voneinander analysiert werden. Zusammengefasst werden die folgenden Aspekte untersucht:

- Anforderung zusätzlicher Ressourcen eines MTs
- Maximal akzeptable Interferenzleistung
- Anzahl der angeforderten Ressourcen
- Begrenzung der Anzahl von Ressourcen pro MT
- Gesonderte Betrachtung der Intrazellinterferenzen

Des Weiteren werden die in Kapitel 5.5 angesprochenen Verfahren für die Gruppierung hinsichtlich der nutzerspezifischen Beams quantitativ für das Systemkonzept ausgewertet.

7.6.1 Simulation

Die Zufriedenheit von Nutzern im System wird anhand der QoS-Parameter entschieden. Wie bereits in Unterabschnitt 6.1 angesprochen wird die PER_{QoS} direkt in die Bestimmung der physikalischen Übertragungsmodi einbezogen. Deshalb wird die PER_{QoS} unter der Annahme perfekter Kanalkenntnis und konstanter Leistungsfähigkeit innerhalb eines STF-Blocks nicht verletzt. Das Zeitfenster für die Evaluation der geforderten Datenrate p_{QoS} wird mit der maximal zulässigen Verzögerungszeit τ_{QoS} eines Pakets gleichgesetzt. Damit ist es ausreichend, die Verletzung der maximal zulässigen Verzögerungszeit τ_{QoS} für die Zufriedenheit eines Nutzers heranzuziehen. Für die Auswertung der Systemperformanz wird keinerlei Abstufung der Zufriedenheit berücksichtigt, d.h. sobald die maximal zulässige Verzögerungszeit verletzt wird, ist ein Nutzer unzufrieden. Weiterhin ist ein Nutzer unzufrieden, sofern dieser bei der Verbindungsanfrage blockiert wird. Die Verbindung von unzufriedenen Nutzern wird jedoch nicht abgebrochen, so dass eine genauere Betrachtung der unzufriedenen Nutzer ermöglicht wird. Der Fokus bei der Auslegung der Systemparameter liegt jedoch auf der Zufriedenheit der Nutzer, die bereits im System sind. In Tabelle 7.2 sind die Parameter für die Simulation angegeben. Die Ankunft neuer Nutzer im System wird anhand der Poisson-Verteilung umgesetzt, deren Ankunftsrate sich nach dem Aufkommen im Netz richtet. Die Auswertung der Zufriedenheit der Nutzer erfolgt, sobald sich die Nutzeranzahl und Ressourcenverteilung im Netz eingependelt hat. Für die Auswertung werden die Ereignisse in sogenannten Batches zusammengefasst [Mei09, LK00]. Unter der Voraussetzung, dass hinreichend viele Ereignisse in ein Batch einfließen, ist das arithmetische Mittel der Batches normalverteilt. Das Ende der Simulation ist erreicht, wenn der Erwartungswert dieser normalverteilten Zufallsvariablen hinreichend genau geschätzt wird.

Die Simulationsergebnisse werden in drei Abbildungen zusammengefasst. Die erste Abbildung zeigt die Anzahl zufriedener Nutzer hinsichtlich der QoS-Parameter. Hierbei werden ausschließlich die Nutzer mit erfolgreichem Verbindungsaufbau ausgewertet. In einer zweiten Abbildung werden die Ergebnisse für die blockierten Nutzer angegeben. Die letzte Abbildung fasst die Ergebnisse der anderen Abbildungen zusammen. In dieser werden sowohl die unzufriedenen Nutzer in Bezug auf die QoS-Parameter als auch die blockierten Nutzer berücksichtigt.

Tabelle 7.2: Systemparameter

Parameter	**Wert / Annahme**
Trägerfrequenz f_c	5 GHz
Subträgeranzahl N	336
Subträgerabstand B	20 kHz
Symboldauer T	60 μs
Guard-Intervall T_G	10 μs
Dauer eines MAC-Rahmens	2 ms
Subträgeranzahl pro STF-Block	8
OFDM-Symbole pro STF-Block	24
Overhead pro STF-Block	18
Sendeleistung P pro Sektor	13,33 W
Sektorenanzahl	3
Sendeantennen pro Sektor	8
Empfangsantennen pro MT	1
Antennengewinn der Sendeantennen	15 dBi
Spektrale Rauschleistungsdichte	-174 dBm/Hz
Rauschzahl	9 dB
Duplex Verfahren	TDD
Zellradius	750 m
Nutzerverteilung	gleichmäßig
Geschwindigkeit der Nutzer	0 km/h
Kanalcodierung	Faltungscode
Interleaver	zufällig
Physikalische Modi, Coderate	BPSK, 1/3
	BPSK, 2/3
	QPSK, 2/3
	16-QAM, 2/3
	64-QAM, 2/3
	64-QAM, 8/9
Bits pro Paket	416
Maximale Verzögerungszeit (τ_{QoS})	100 ms
PER_{QoS}	0,01
Datenrate (p_{QoS}) in der Abwärtsstrecke	416 kbit/s

7.6.2 Anforderung zusätzlicher Ressourcen eines MTs

Die Anforderung zusätzlicher Ressourcen durch MTs im System wird in Abhängigkeit der Wartezeit des ersten Pakets in der Warteschlange entschieden. Dies ist damit zu begründen, dass ein Nutzer unzufrieden ist, sobald die maximal zulässige Verzögerungszeit τ_{QoS} überschritten wird. Sofern nach kurzen Wartezeiten bereits eine Anforderung von Ressourcen durchgeführt wird, geht dies mit einer großen Fluktuation der Interferenzleistung im Netz einher. Wird demgegenüber erst sehr spät eine Anforderung veranlasst, besteht die Gefahr, dass das MT seine Warteschlange nicht mehr rechtzeitig abarbeiten kann. Für die Anforderung von neuen Ressourcen wird ein Faktor x $(0 \leq x \leq 1)$ definiert, welcher den Zeitpunkt zur Anforderung zusätzlicher Ressourcen bestimmt.

$$x \cdot \tau_{\text{QoS}}$$

Es werden so viele Ressourcen angefordert, wie zur Erfüllung der Datenrate momentan notwendig sind. Reicht die Anzahl von Ressourcen zum Zeitpunkt der Anforderung bereits aus, so wird trotzdem eine neue Ressource zugewiesen, damit der Nutzer seine Warteschlange abarbeiten kann.

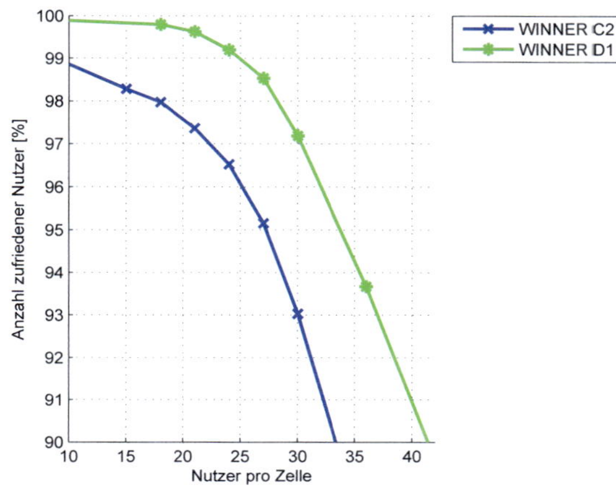

Abbildung 7.7: Anzahl zufriedener Nutzer für WINNER D1 und C2

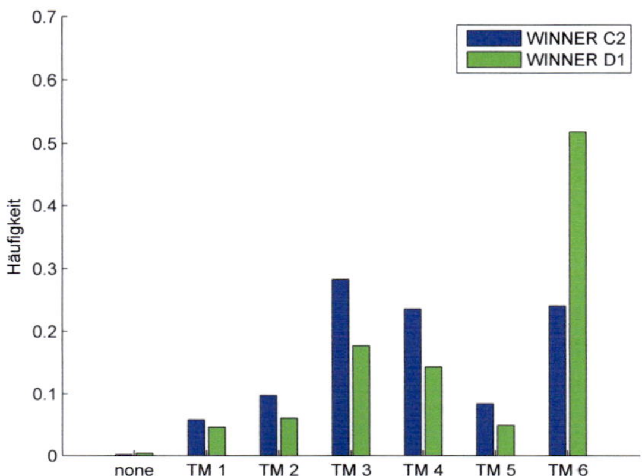

Abbildung 7.8: Histogramm der physikalischen Modi für WINNER D1 und C2

Abbildung 7.7 zeigt den prozentualen Anteil der zufriedenen Nutzer für die verwendeten Kanalmodelle bei $x = 0,3$ (30 ms). Die Tatsache, dass für das ländliche Kanalmodell (WINNER D1) häufig ein LOS-Pfad auftritt, erklärt die größere Anzahl zufriedener Nutzer im Vergleich zum städtischen Kanalmodell (WINNER C2). Dies spiegelt sich auch im Histogramm in Abbildung 7.8 wider. In diesem sind die Häufigkeiten der physikalischen Modi (siehe Tabelle 7.1) bei 93 % zufriedenen Nutzern angegeben. Aufgrund der Ergebnisse ist zu erwarten, dass das WINNER C2 Kanalmodell eine größere Sensibilität in Bezug auf die Designparameter zeigt, da eine gleichmäßigere Verteilung auf die TMs zu beobachten ist. Für die Auswertung der Designparameter wird aus diesem Grund auf das WINNER C2 Kanalmodell zurückgegriffen.

In Abbildung 7.9 sind jeweils die Kurven für unterschiedliche Werte von x für das Kanalmodel WINNER C2 angegeben. Die linke obere Abbildung zeigt die Kurven für den prozentualen Anteil von Nutzern, deren QoS-Parameter erfüllt wird. In der rechten oberen Abbildung ist der prozentuale Anteil der Nutzer angegeben, deren Verbindungsanfrage zugelassen wird.

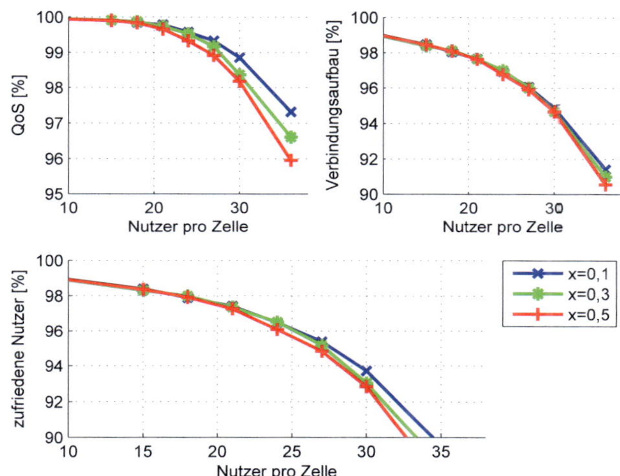

Abbildung 7.9: Anforderung zusätzlicher Ressourcen eines MTs, WINNER C2

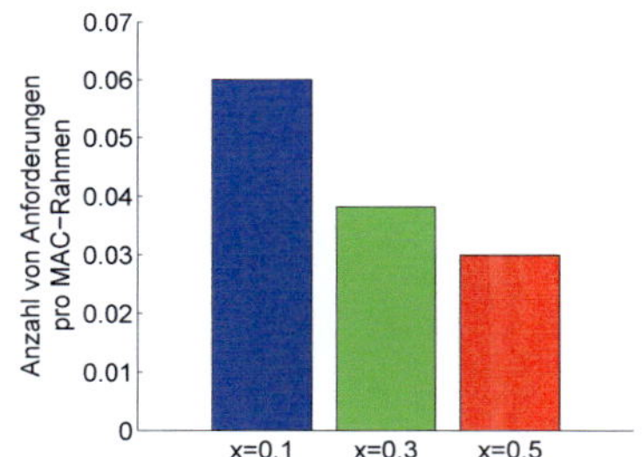

Abbildung 7.10: Durchschnittliche Anzahl von Anforderungen pro MAC-Rahmen per BS, WINNER C2

Die letzte Abbildung zeigt die gesamte Anzahl von zufriedenen Nutzern mit erfolgreichem Verbindungsaufbau und erfüllten QoS-Anforderungen. Mit zunehmender Nutzerzahl stehen den Basisstationen weniger freie Ressourcen zur Verfügung, so dass eine steigende Zahl von Nutzern blockiert und die Anforderungen von zusätzlichen Ressourcen abgelehnt wird. Für die simulierten Werte wird bei $x = 0,1$ (10 ms) das beste Ergebnis erzielt. Ein niedriger Wert von x geht allerdings mit einer hohen Anzahl von Anforderungen an Ressourcen pro BS einher, wie aus Abbildung 7.10 hervorgeht. Um die Änderung der Interferenzsituation im Netz gering zu halten und im Hinblick auf die Ressourcenumverteilung wird im Folgenden der Wert $x = 0,3$ verwendet. Das bedeutet, dass ein MT zusätzliche Ressourcen anfordert, sobald das erste Paket in der Warteschlange eine Verzögerung von 30 ms überschreitet.

7.6.3 Maximal akzeptable Interferenzleistung

Für die quantitative Auswertung der maximal akzeptablen Interferenzleistung werden Grenzwerte für die Metrik vorgegeben (siehe Gleichung 7-3). Wird eine höhere Wert der Interferenzleistung auf einer Ressource gemessen, so gilt diese als belegt und wird nicht zugeteilt. Bei der Anfrage von Ressourcen werden demnach nur STF-Blöcke mit einer Interferenzleistung unterhalb des Grenzwertes berücksichtigt. Als Referenz dient die Kurve aus dem vorangegangenen Abschnitt bei $x = 0,3$. Aus Abbildung 7.11 wird ersichtlich, dass sich die Anzahl zufriedener Nutzer in Bezug auf die QoS mit größeren Grenzwerten verschlechtert. Für einen Wert von -112 dBm werden jedoch sehr viele Nutzer blockiert (Abbildung oben rechts), während für -102 dBm bei allen Betrachtungen sehr gute Ergebnisse erzielt werden. Für das weitere Systemdesign wird daher ein Grenzwert für die akzeptable Interferenzleistung von -102 dBm angenommen.

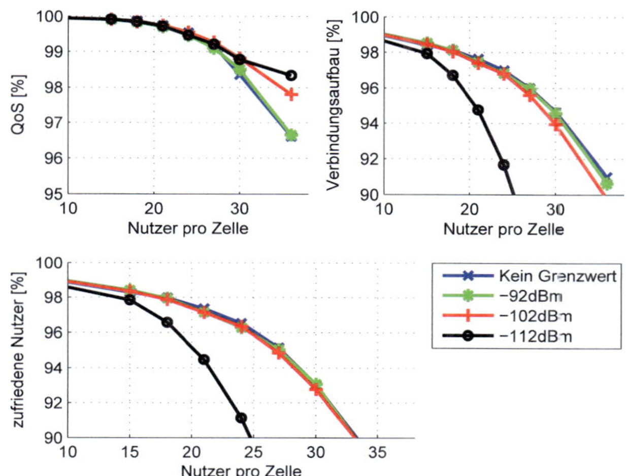

Abbildung 7.11: Maximal akzeptable Interferenzleistung, WINNER C2

7.6.4 Anzahl der angeforderten Ressourcen

Bisher orientierte sich die Anzahl allokierter Ressourcen an der geforderten Datenrate p_{QoS} (2 Pakete/MAC-Rahmen). Zum Abbau der Warteschlange eines Nutzers ist es jedoch erforderlich, temporär mehr Ressourcen zur Verfügung zu stellen. In Abbildung 7.12 sind die Kurven für unterschiedliche Werte von x ($x \geq 0$) abgebildet, welches die Anzahl der geforderten Ressourcen kontrolliert.

$$(x+1) \cdot p_{\text{QoS}}$$

Interessanterweise wird keine Verbesserung der Systemperformanz durch die Anforderung von weiteren Ressourcen erzielt. Die Verzögerung der Pakete in der Warteschlange wird jedoch mit größerem x schneller reduziert. Damit verringert sich die Anzahl von Anforderungen pro BS, da keine erneute Anforderung von Ressourcen zum Abbau der Warteschlange vorgenommen wird. Werden allerdings zu viele Ressourcen zugewiesen, steigt die Änderung der Interfernzsituation im Netz, so dass andere Nutzer ihrerseits zusätzliche Ressourcen anfordern müssen.

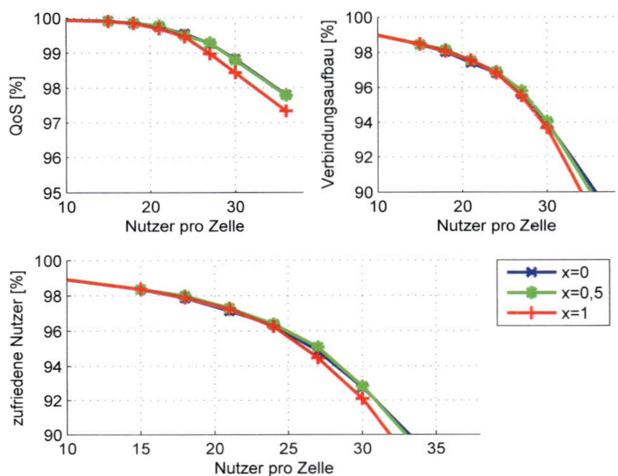

Abbildung 7.12: Anzahl der angeforderten Ressourcen, WINNER C2

Dieser Effekt ist in der linken oberen Abbildung für einen Wert von $x = 1$ zu beobachten. Mit einem Wert von $x = 0,5$ (1 Paket/MAC-Rahmen) von zusätzlich angeforderten Ressourcen bleibt die Anzahl zufriedener Nutzer unverändert, die Warteschlangen können allerdings schneller abgearbeitet werden. Daher wird im Folgenden der Wert $x = 0,5$ betrachtet.

7.6.5 Begrenzung der Anzahl von Ressourcen pro MT

Ist die Anzahl von Ressourcen pro MT begrenzt, so wird bereitwillig in Kauf genommen, dass einige MTs unzufrieden sind. Auf der anderen Seite kann damit erreicht werden, dass viele andere Nutzer zufrieden sind. In Abbildung 7.13 sind die Ergebnisse für die Begrenzung der Ressourcen auf 8 bzw. 12 Zeit-Frequenzblöcke angegeben. Als Referenz dient die Kurve für eine beliebige Zahl von Ressourcen pro MT. Es zeigt sich, dass durch die Begrenzung der Anzahl von Ressourcen mehr Nutzer hinsichtlich der QoS-Parameter zufrieden gestellt werden (linke obere Abbildung), dies jedoch mit einer stark steigenden Zahl von blockierten Nutzern bei der Verbindungsanfrage einhergeht (rechte obere Abbildung). Daher wird die Begrenzung der Anzahl von Ressourcen nicht weiter berücksichtigt.

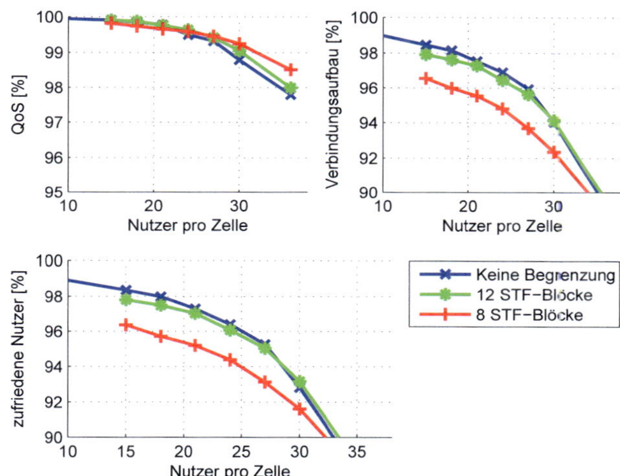

Abbildung 7.13: Begrenzung der Anzahl von Ressourcen pro MT, WINNER C2

7.6.6 Gesonderte Betrachtung der Intrazellinterferenzen

Die Zuweisung der Ressourcen erfolgte bisher anhand von Gleichung 7-3, die sowohl Intra- als auch Interzellinterferenzen einbezieht. In diesem Abschnitt werden die Intrazellinterferenzen nicht für die Metrik herangezogen. Die Metrik berechnet sich somit ausschließlich anhand der Interzellinterferenzen ($I_{\text{inter},b,f,s} + I_{\text{inter},m,f}$). Dem Nutzer wird folglich sukzessive die Ressource zugeteilt, die für einen gegebenen Beam s die geringste gemessene Interzellinterferenzenleistung aufweist (Gleichung 7-4).

$$\min_f (I_{\text{inter},b,f,s} + I_{\text{inter},m,f}) \tag{7-4}$$

Für die geeigneten Ressourcen wird im Anschluss geprüft, inwieweit eine Beeinträchtigung der anderen Nutzer in der Zelle stattfindet. Für alle Nutzer i innerhalb der Zelle wird dafür das SINR vor ($\mathrm{SINR}_{\mathrm{prev},i}$) und nach ($\mathrm{SINR}_{\mathrm{post},i}$) der potentiellen Zuweisung bestimmt, ohne die damit einhergehende Verringerung der Sendeleistung mit einzubeziehen. Sofern der Unterschied zwischen $\mathrm{SINR}_{\mathrm{post},i}$ und $\mathrm{SINR}_{\mathrm{prev},i}$ folgende Bedingung erfüllt, wird die Ressource zugewiesen.

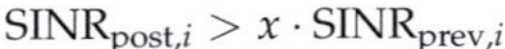

$$\mathrm{SINR}_{\mathrm{post},i} > x \cdot \mathrm{SINR}_{\mathrm{prev},i}$$

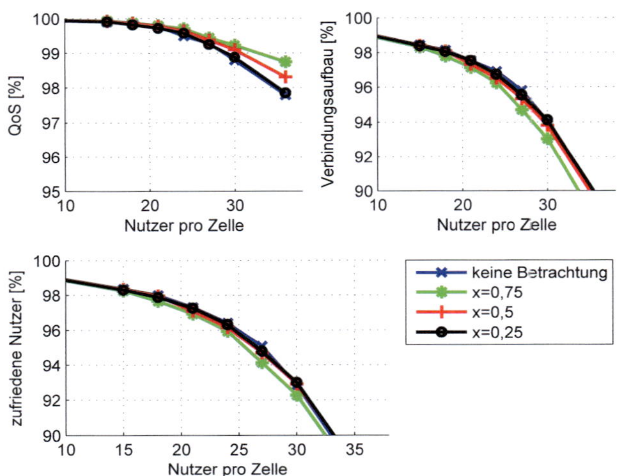

Abbildung 7.14: Gesonderte Betrachtung der Intrazellinterferenzen, WINNER C2

Darüber hinaus wird geprüft, ob Nutzer, deren $\mathrm{SINR}_{\mathrm{post},i}$ zu gering ist, trotzdem die Schwelle für den höchsten physikalischen Modus erreichen. Ist dies der Fall, so wird die Ressource ebenfalls zugeteilt. Durch diese Prüfung werden insbesondere Nutzer nahe der Basisstation in die Ressourcenzuweisung mit einbezogen. Diese erreichen sehr gute SINR-Werte, während gleichzeitig die erzeugte Interferenz an der Basisstation sehr hoch ausfällt. Aus diesem Grund können weitere Nutzer auf diesen Ressourcen bedient werden. In Abbildung 7.14 sind die Ergebnisse für unterschiedliche Werte von x dargestellt. Durch die Auswertung der Intrazellinterferenzen und der bekannten Nutzleistungen bleibt die Gesamtanzahl der zufriedenen Nutzer in der unteren Abbildung für die Werte $x = 0,25$ und $x = 0,5$ nahezu unverändert. In Bezug auf die QoS-Paramter in der linken oberen Abbildung ist ein Gewinn für größere Werte von x zu beobachten. Ein guter Kompromiss wird für einen Wert $x = 0,5$ erzielt. Die dazugehörigen Resultate werden als Referenz für die weiteren Ergebnisse verwendet.

7.6.7 Gruppierung für die generalisierten Eigenbeams

In Unterabschnitt 5.5 wurde bereits auf die Gruppierung für nutzerspezifische Beams eingegangen. Bei den generalisierten Eigenbeams ist die unbekannte Interferenzleistung $\alpha\mathbf{I}$ zu berücksichtigen.

$$\overline{\text{SINR}}_i = \frac{\vec{w}_i{}^* \vec{H}_{b,i}^* \vec{H}_{b,i} \vec{w}_i}{\vec{w}_i{}^* \left(\sum_{j \neq i} \vec{H}_{b,j}^* \vec{H}_{b,j} + \alpha\mathbf{I} \right) \vec{w}_i}$$

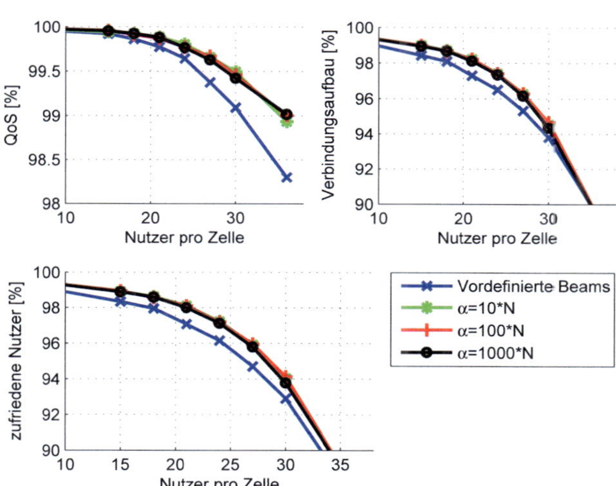

Abbildung 7.15: Resultate der generalisierten Eigenbeams für α, WINNER C2

Als zweiter Faktor kommt der Grenzwert β für die Nutzleistung vor und nach der Gruppierung eines Nutzers zum Tragen.

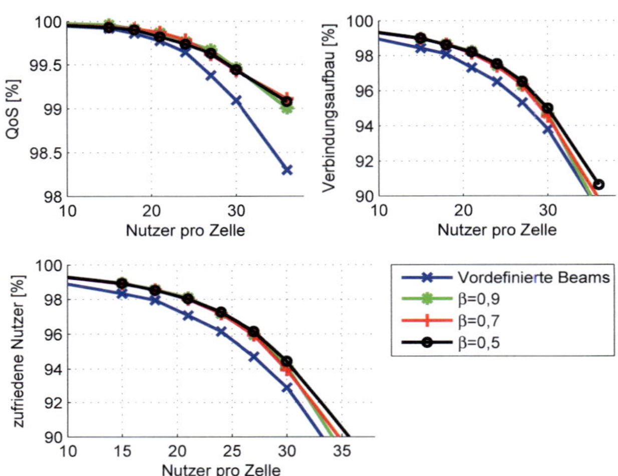

Abbildung 7.16: Resultate der generalisierten Eigenbeams für β, WINNER C2

$$\vec{w}^*_{\text{post},i}\vec{H}^*_{b,i}\vec{H}_{b,i}\vec{w}_{\text{post},i} > \beta \cdot \vec{w}^*_{\text{prev},i}\vec{H}^*_{b,i}\vec{H}_{b,i}\vec{w}_{\text{prev},i}$$

Die Abbildungen 7.15 und 7.16 zeigen die Kurven für unterschiedliche Werte von α und β. Bei den Ergebnissen in Abbildung 7.15 wurde der Grenzwert für β zunächst auf einen sehr hohen Wert gesetzt ($\beta = 0,9$). Im Vergleich zu den vordefinierten Beams wird sowohl die Anzahl von zufriedenen Nutzern hinsichtlich der QoS-Parameter erhöht als auch die Anzahl von Nutzern, die nicht blockiert werden. Der Wert von α hat einen sehr geringen Einfluss auf den Verlauf der Kurven und wird im Folgenden auf $\alpha = 100 \cdot N$ (Rauschleistung N) festgelegt. In Abbildung 7.16 sind die Kurven bezüglich β angegeben. Auch hier sind nur geringe Unterschiede in den Resultaten auszumachen. Die beste Performanz wird für einen Wert von $\beta = 0,5$ erzielt.

7.6.8 Gruppierung für die Zeroforcing Beams

Für die Gruppierung der Nutzer bei den Zeroforcing Beams kommt lediglich der Faktor ϵ zum Tragen. Dieser steht für die Orthogonalität der Übertragungsvektoren der Nutzer.

$$\left| \frac{\vec{H}_i \vec{H}_j^*}{\left\| \vec{H}_i \right\|_2 \left\| \vec{H}_j \right\|_2} \right| < \epsilon$$

In Abbildung 7.17 sind die entsprechenden Kurven für unterschiedliche Werte von ϵ abgebildet. Im Vergleich zu den vordefinierten Beams sind hier deutliche Gewinne zu verzeichnen. Dies ist mit der vollständigen Kanalkenntnis der Übertragungsvektoren an der Basisstation zu begründen. Eine sehr gute Performanz sowohl für die QoS-Parameter als auch die Anzahl von blockierten Nutzern wird für einen Wert von $\epsilon = 0,5$ erreicht.

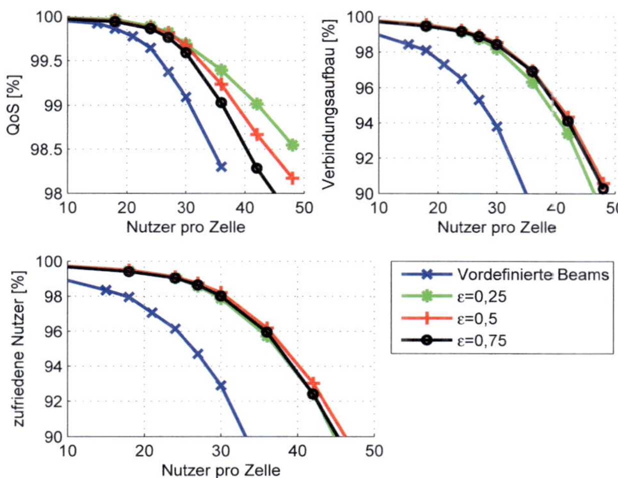

Abbildung 7.17: Performanz für die Zeroforcing Beams in Bezug auf ϵ, WINNER C2

VIII
Ergebnisse

Im vorangegangenen Abschnitt wurde das Systemkonzept vorgestellt und der Einfluss verschiedener Parameter quantitativ ausgewertet. Als Übertragungstechnik wird OFDM in Kombination mit Beamforming-Techniken betrachtet, die zusammen ein hohes Maß an Flexibilität in der Ressourcenverteilung bieten. Das Systemkonzept beruht darauf, dass die Basisstationen kontinuierlich Messungen der Interferenzleistung durchführen. Die Basisstationen sind somit in der Lage, die Interferenzsituation im Netz zu erfassen und autonom Entscheidungen über die Ressourcenvergabe zu treffen. In diesem selbstorganisierenden Ansatz kann dadurch sehr flexible auf ungleichmäßige Nutzerverteilung reagiert werden. Nutzer, die Ressourcen anfordern, vermessen die Interferenzleistung ebenfalls und signalisieren diese an die jeweilige Basisstation. Diese können somit eine sehr effiziente Ressourcenvergabe umsetzen. Zu Beginn eines MAC-Rahmens werden die SINR-Werte von den Nutzern auf allen STF-Blöcken einer Basisstation gemessen und signalisiert. Auf diese Weise werden die physikalischen Modi auf den allokierten Ressourcen aktualisiert und es besteht die Möglichkeit diese Information für eine Ressourcenumverteilung heranzuziehen. Darüber hinaus ist eine Adaption an zeitvariante Prozesse realisierbar, die aufgrund der Mobilität der Nutzer und variabler Datenratenanforderung auftreten. In diesem Kapitel werden die Eigenschaften des Systemkonzepts in unterschiedlichen Szenarien untersucht. Diese sind im Folgenden aufgelistet:

- SISO versus MISO
- Ressourcenumverteilung
- zeitvarianter Kanal
- ungleichmäßige Nutzerverteilung
- variable Datenrate

Für die Ergebnisse wurden die gleichen Werte wie in Tabelle 7.2 verwendet.

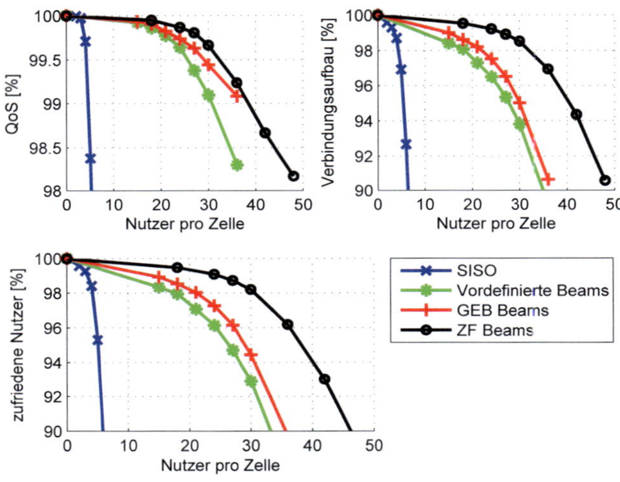

Abbildung 8.1: SISO versus MISO, WINNER C2

8.1 SISO versus MISO

Die Abbildungen 8.1 und 8.2 zeigen die Ergebnisse des SISO-Systems und der MISO-Systeme (8 Antennen) in den Kanalmodellen WINNER C2 und D1. Die linke obere Abbildung zeigt den prozentualen Anteil der Nutzer, deren QoS-Parameter erfüllt wurde. In den weiteren Abbildungen sind der prozentuale Anteil der Nutzer mit erfolgreichem Verbindungsaufbau bzw. der zufriedenen Nutzer abgebildet. Für die MISO-Systeme wurden die Beamforming-Techniken der vordefinierten Beams, generalisierten Eigenbeams und der Zeroforcing Beams betrachtet. Die Resultate des SISO-Systems sind mit denen von zellularen Netzen basierend auf SISO-OFDM und Frequenzplanung vergleichbar. Im Idealfall benötigen die Nutzer lediglich einen Zeit-Frequenzblock, um die geforderte Datenrate zu erfüllen. Für 7 Frequenzbereiche stehen bei der Frequenzplanung einer Basisstation insgesamt $42/7 = 6$ Frequenzblöcke zur Verfügung. Es können somit 6 Nutzer zufrieden gestellt werden. Es ist jedoch anzunehmen, dass nicht alle MTs den höchsten physikalischen Modus (TM 6) einsetzen können. Durch die Verwendung der

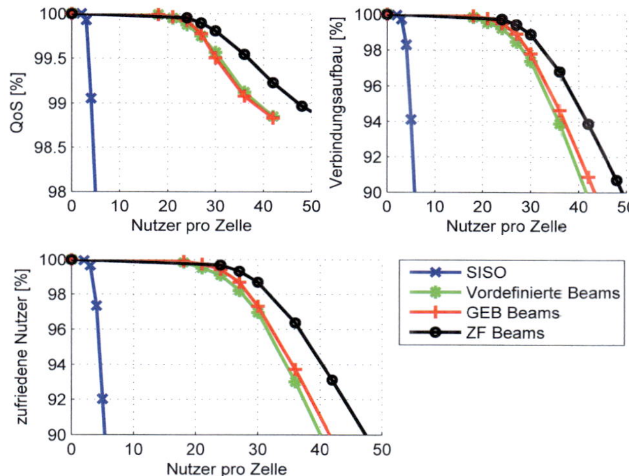

Abbildung 8.2: SISO versus MISO, WINNER D1

Beamforming-Techniken kann die Anzahl von zufriedenen Nutzern deutlich erhöht werden. Erwartungsgemäß erzielen die Zeroforcing Beams das beste Ergebnis, da hier die vollständige Kanalkenntnis bei der Basisstation vorhanden ist. Mit abnehmender Kanalkenntnis sinkt die Performanz. Die vollständige Kanalkenntnis ist insbesondere bei dem Kanalmodell WINNER C2 von Vorteil, da hier nur selten LOS-Pfade auftreten. Die Richtcharakteristik der Zeroforcing Beams weicht somit erheblich von denen der vordefinierten Beams ab. Die Signalleistung der Zeroforcing Beams wird subträgerspezifisch entlang der Hauptausbreitungspfade des Kanals gestreut, so dass maximale Empfangsleistung beim MT erzielt wird. Demgegenüber ist bei der langzeitigen Kanalkenntnis keine subträgerspezifische Richtcharakteristik möglich. Die Richtcharakteristik der generalisierten Eigenbeams streut die Signalleistung entsprechend nur in die Richtung der zu erwartenden Hauptausbreitungspfade. Bei den vordefinierten Beams wird lediglich der beste Hauptausbreitungspfad abgedeckt. Im Fall des Kanalmodells WINNER D1 treten diese Unterschiede nicht so stark zu Tage, da hier die Wahrscheinlichkeit von LOS-

Pfaden deutlich größer ist. Die Gewinne der MISO-Systeme im Vergleich zu dem SISO-System beruhen auf folgenden Fakten:

- Erhöhung der Nutzsignalleistung beim MT durch Beamforming
- SDMA Gewinne
- Verbesserte Interferenzsituation im Netz

Der letzte Punkt ist in Abbildung 8.3 visualisiert. Dargestellt ist die erzeugte Interferenzleistung eines MTs an den Basisstationen auf einem Frequenzblock. Die Position des MTs ist mit x markiert und für das MISO-System wurden die vordefinierten Beams betrachtet. Die Skala der Interferenzleistung wird nach unten durch die Rauschleistung beschränkt. Augenscheinlich ist für das MISO-System eine Vielzahl von Ressourcen auf dem Frequenzblock für andere Basisstationen nutzbar, während für das SISO-System nur sehr wenige zur Verfügung stehen.

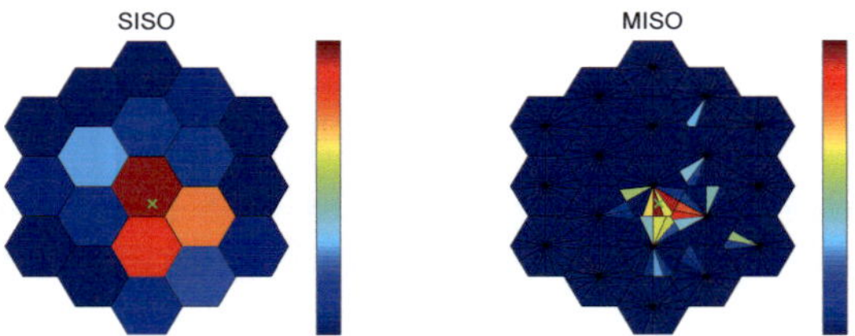

Abbildung 8.3: Gemessene Interferenzleistung an den Basisstationen

8.2 Ressourcenumverteilung

In der Präambel-Phase eines MAC-Rahmens werden die SINR-Werte von den Nutzern auf den allokierten Ressourcen eines Sektors gemessen und an die Basisstation signalisiert. Damit können die physikalischen Modi auf den Ressourcen jeden MAC-Rahmen aktualisiert werden. Diese Informationen fließen in die Scheduling-Verfahren ein, die eine gerechte und effiziente Verteilung der Ressourcen an die Nutzer durchführen. Die Abbildungen 8.4 und 8.5 zeigen den Performanzgewinn, der durch die Umverteilung der Ressourcen erzielt wird. Der Wert γ bei der Utility-Funktion basierend auf der Verzögerung ist derart dimensioniert, dass ein Nutzer

($W = 80\,\text{ms}$) mit dem physikalischen Modus TM 1 auf einer Ressource einem Nutzer ($W = 0\,\text{ms}$) mit TM 6 bevorzugt wird. Für beide Utility-Funktionen wird die Anzahl von zufriedenen Nutzern hinsichtlich der QoS-Parameter deutlich erhöht. Dabei spielt die zeitvariante Interferenzsituation eine entscheidende Rolle. Ressourcen, die für einen Nutzer über die Zeit nicht mehr effektiv genutzt werden können, werden gegebenenfalls anderen Nutzern im Sektor zugeteilt. Für Nutzer außerhalb des Sektors ändert sich die Interferenzsituation dadurch nicht. Die Fluktuation der Interferenz im Netz verringert sich demzufolge, da die belegten Ressourcen besser genutzt werden können und damit weniger Ressourcen neu angefordert werden müssen.

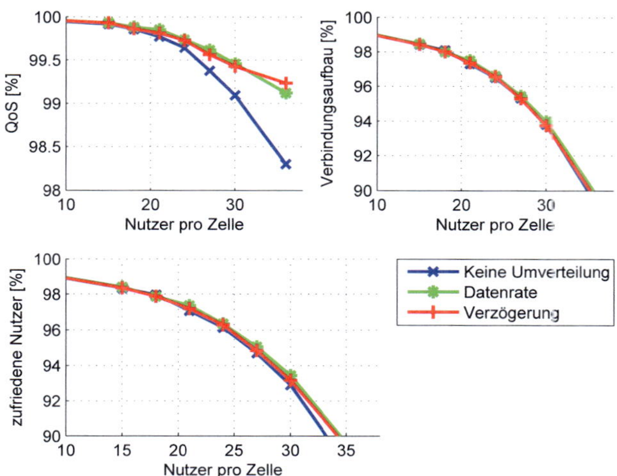

Abbildung 8.4: Ressourcenumverteilung, WINNER C2

Ein weiterer Vorteil der Ressourcenumverteilung besteht darin, dass Nutzer mit einer zu geringen Übertragungsrate in der Vergangenheit mehr Ressourcen zugewiesen bekommen können. Die Warteschlangen werden somit abgearbeitet und seltener zusätzliche Ressourcen von den Basisstationen angefordert. Auch hierdurch verringert sich die Fluktuation der Interferenz im Netz. Die Steigerung des prozentualen Anteils der zufriedenen Nutzer hinsichtlich der QoS-Parameter ist damit zu erklären. Im Fall des Kanalmodells WINNER D1 ist sogar eine Abnahme der unzufriedenen Nutzer in Bezug auf die QoS-Parameter mit steigender Anzahl von Nutzern pro Zelle zu beobachten. Dies ist damit zu begründen, dass der Scheduler die Ressourcen mit steigender Nutzerzahl effizienter unter den Nutzern verteilen kann (Multiuser Diversität). Die effiziente Nutzung der Ressourcen zeigt sich auch dadurch, dass der prozentuale Anteil der zufriedenen Nutzer beim Verbindungsaufbau unverändert bleibt. Beide Utility-Funktionen erzielen interessanterweise nahezu das gleiche Ergebnis. Während die Utility-Funktion basierend auf der Verzögerung die Minimierung der maximalen Verzögerung der Pakete als Zielsetzung hat, werden große Verzögerungen bei der Utility-Funktion basierend auf der Datenrate in Kauf genommen, sofern die Summen-Utility der Datenrate gesteigert werden kann. Durch die Anforderung zusätzlicher Ressourcen können die betroffenen Nutzer jedoch die geforderte Datenrate trotzdem erreichen.

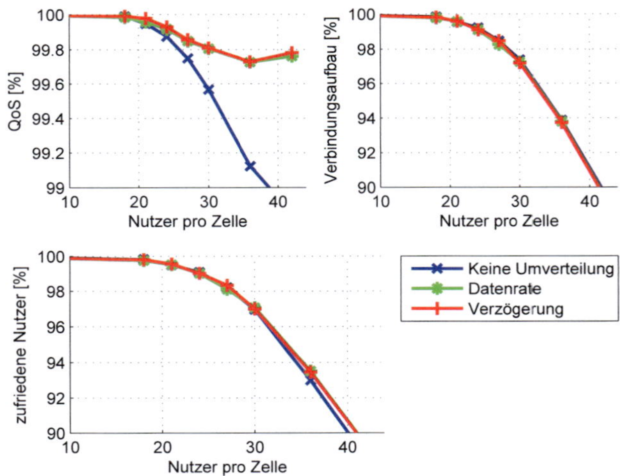

Abbildung 8.5: Ressourcenumverteilung, WINNER D1

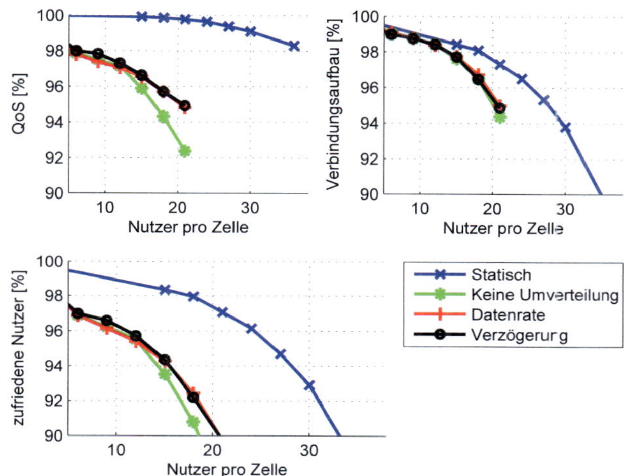

Abbildung 8.6: Zeitvarianter Kanal, v=5 km/h, WINNER C2

8.3 Zeitvarianter Kanal

In den Abbildungen 8.6 und 8.7 sind die Resultate bezüglich des zeitvarianten Kanals abgebildet. Die Geschwindigkeiten der MTs sind gleichverteilt zwischen 0 und 5 km/h. Anhand der Abbildungen zeigt sich, dass die Zeitvarianz des Kanals mit einer erheblichen Verringerung der Performanz einhergeht. Die Zeitvarianz des Kanals wirkt sich sowohl für den Nutzkanal als auch die Interferenzkanäle aus. Dadurch ist eine große Fluktuation der SINR-Werte auf den Ressourcen eines Nutzers zu beobachten. Dies resultiert in einer vermehrten Anforderung von zusätzlichen Ressourcen, da belegte Ressourcen nicht mehr genutzt werden können oder aber die Ressourcen temporär nicht mehr ausreichen, um die Nutzer im Versorgungsbereich zufrieden zu stellen. Werden gleichzeitig von mehreren Basisstationen Ressourcen allokiert, so stimmt die gemessene Interferenzleistung nicht mehr mit dem aktuellen MAC-Frame überein. Die allokierten Ressourcen können für das MT unbrauchbar sein und die betroffenen MTs fordern zusätzliche Ressourcen an. Die Vorhersagbarkeit der Interferenz im Netz ist in diesem Fall nicht

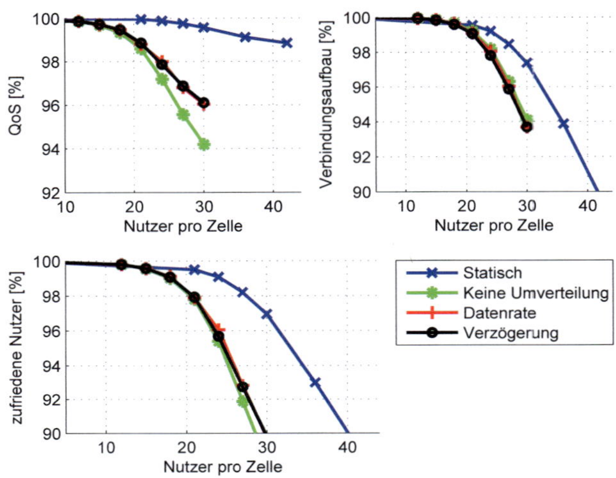

Abbildung 8.7: Zeitvarianter Kanal, v=5 km/h, WINNER D1

mehr gegeben und der Kreislauf kann sich aufschaukeln, wodurch eine Vielzahl an Nutzern unzufrieden ist. Bei dem städtischen Kanalmodell WINNER C2 wirkt sich die zeitliche Veränderung stärker aus, da hier keine LOS-Pfade auftreten. Die SINR-Werte auf den Ressourcen fluktuieren somit stärker, da der Einfluss der Interferenzkanäle zunimmt. Für das ländliche Kanalmodell WINNER D1 wirkt sich aufgrund des dominanten LOS-Pfades die zeitliche Änderung geringer aus.

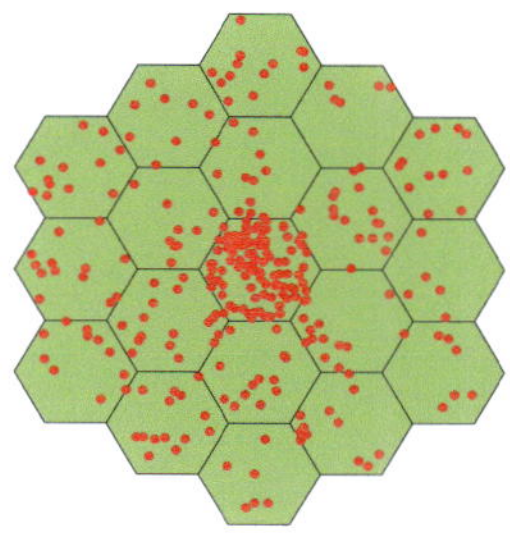

Abbildung 8.8: Ungleichmäßige Nutzerverteilung innerhalb der zellularen Umgebung

8.4 Ungleichmäßige Nutzerverteilung

Für die Simulationsergebnisse in den Abbildungen 8.9 bis 8.12 wurden sogenannte Hotspots definiert. Der Faktor δ gibt das Verhältnis der Anzahl von Nutzern in der zentralen Zelle zu der mittleren Anzahl von Nutzern in anderen Zellen an. In Abbildung 8.8 ist dies beispielhaft für ein zellulares Netz visualisiert, wobei die Punkte die Positionen der Nutzer markieren. Sowohl für das System mit fester Ressourcenzuweisung als auch mit Ressourcenumverteilung zeigt das Systemkonzept die gewünschte Robustheit gegenüber der ungleichmäßigen Nutzerverteilung. Ressourcen, die in den benachbarten Zellen aufgrund des geringeren Nutzeraufkommens nicht genutzt werden, bewirken niedrige Interferenzleistung auf den Ressourcen in der zentralen Zelle. Die vermehrte Anforderung von Ressourcen durch diese stellt somit kein Problem dar. Während sich für das städtische Kanalmodell WINNER C2 der Faktor δ bemerkbar macht und die Resultate mit steigendem Hotspot sinken, ist für das ländliche Kanalmodell kein signifikanter Unterschied zu beobachten.

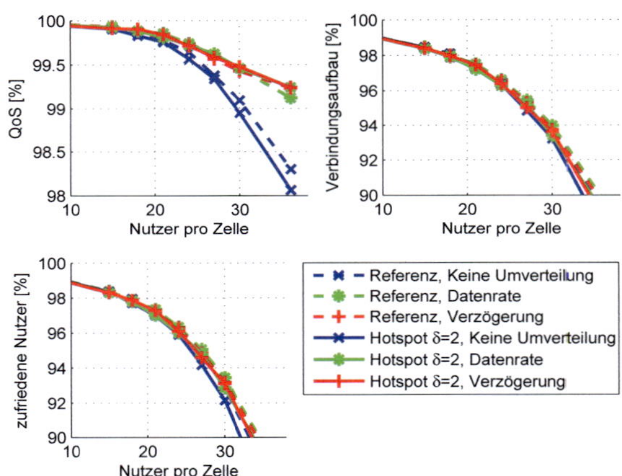

Abbildung 8.9: Ungleichmäßige Nutzerverteilung, $\delta = 2$, WINNER C2

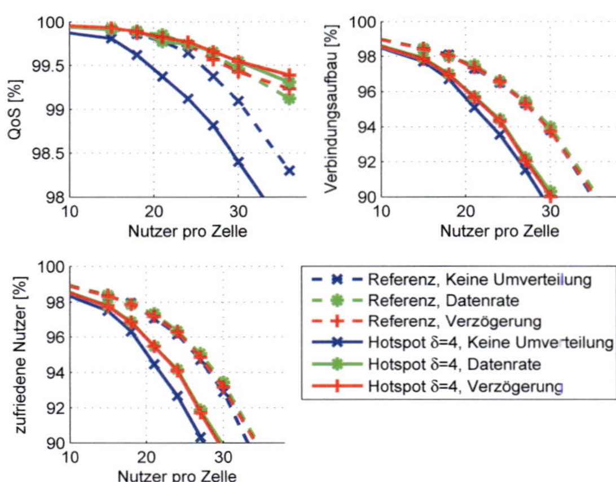

Abbildung 8.10: Ungleichmäßige Nutzerverteilung, $\delta = 4$, WINNER C2

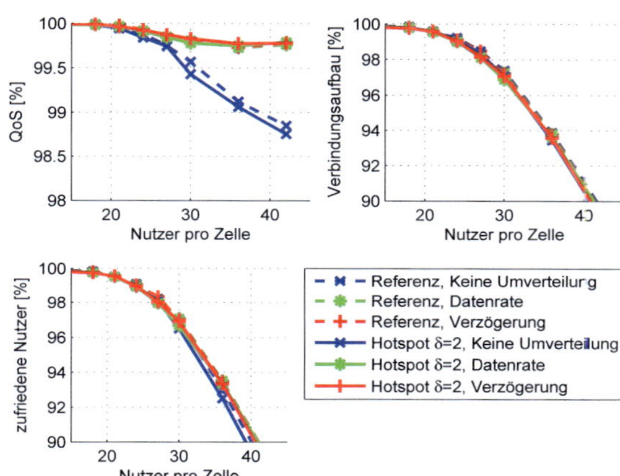

Abbildung 8.11: Ungleichmäßige Nutzerverteilung, $\delta = 2$, WINNER D1

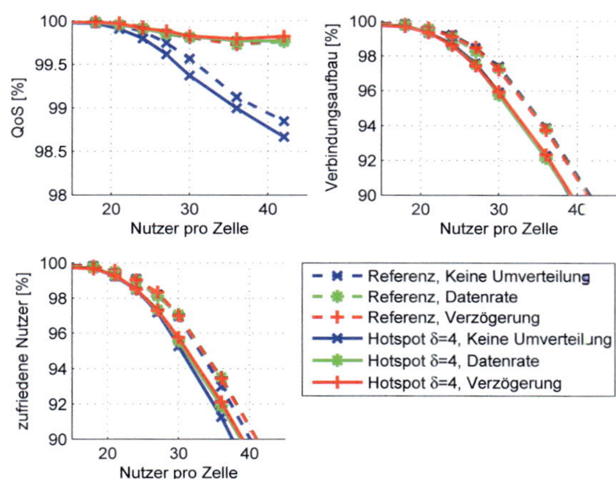

Abbildung 8.12: Ungleichmäßige Nutzerverteilung, $\delta = 4$, WINNER D1

8.5 Variable Datenrate

Für die Simulationsergebnisse in den Abbildungen 8.13 und 8.14 wird die geforderte Datenrate der Nutzer alle 5 MAC-Frames nach einer Normalverteilung mit einem Erwartungswert von 416 kBit/s und einer Standardabweichung von 50 kBit/s ausgewürfelt.

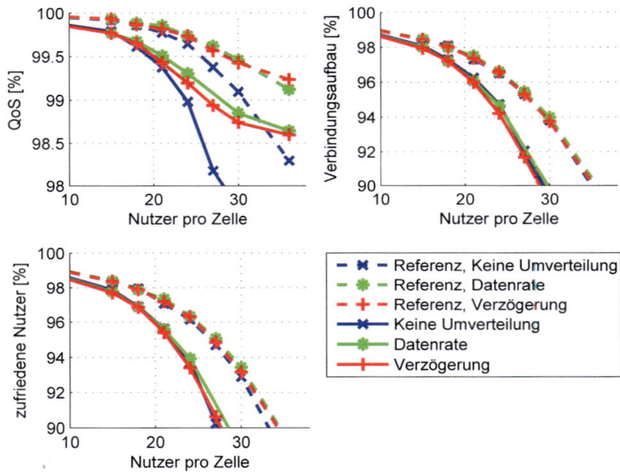

Abbildung 8.13: Variable Datenrate, WINNER C2

Im Vergleich zur festen Datenrate ist bei dem Kanalmodell WINNER C2 eine merkliche Verringerung der Anzahl zufriedener Nutzer zu beobachten. Dies gilt sowohl in Bezug auf die QoS-Parameter in der linken oberen Abbildung als auch des Verbindungsaufbaus in der rechten oberen Abbildung. Bei dem Kanalmodell WINNER D1 ist zwischen der festen Ressourcenvergabe an die Nutzer und der Ressourcenumverteilung zu unterscheiden. Während sich die Anzahl der zufriedenen Nutzer bei der festen Ressourcenvergabe hinsichtlich der QoS-Parameter und des Verbindungsaufbaus verringert, ist bei der Ressourcenumverteilung lediglich eine Zunahme von blockierten Nutzern festzustellen. Bedingt durch die variable Datenrate erhöht sich die Wahrscheinlichkeit, dass die QoS-Parameter von Nutzern mit einer

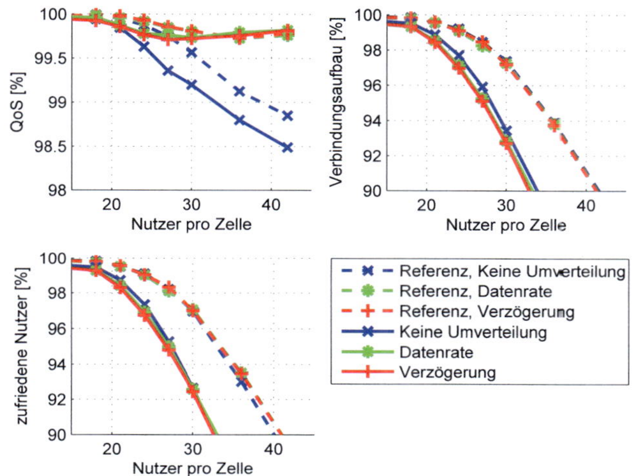

Abbildung 8.14: Variable Datenrate, WINNER D1

zu geringen Datenrate in der Vergangenheit verletzt werden. Desweiteren werden Ressourcen freigegeben, sofern sie nicht mehr benötigt werden. Demzufolge werden bei einer Erhöhung der geforderten Datenrate häufig zusätzliche Ressourcen angefordert. Dies kann dazu führen, dass mehrere Nutzer gleichzeitig Ressourcen anfordern und die gemessene Interferenz nicht mehr mit der aktuellen übereinstimmt.

IX Zusammenfassung

In dieser Arbeit wurde ein Systemkonzept für selbstorganisierende zellulare Mobilfunknetze basierend auf MISO-OFDM vorgestellt und die Abwärtsstrecke von den Basisstationen zu den Nutzern analysiert. Die OFDM-Übertragungstechnik bietet eine sehr flexible Ressourcenzuweisung in Zeit und Frequenz. In Kombination mit der MISO-Technik Beamforming ergeben sich zusätzliche Ressourcen in der Raumrichtung. Hierfür wurden unterschiedliche Beamforming-Techniken betrachtet, die sich hinsichtlich der Kanalkenntnis an der Basisstation unterscheiden. Die Performanz von vordefinierten Beams, generalisierten Eigenbeams und Zeroforcing Beams wurde für das Systemkonzept untersucht. Erwartungsgemäß werden bessere Ergebnisse mit zunehmender Kanalkenntnis an der Basisstation erzielt.

In dem zellularen Netz wird die Vergabe der Ressourcen an die Basisstationen selbstorganisierend durchgeführt. Jeder Basisstation steht die gesamte Systembandbreite zur Verfügung und es werden die Ressourcen allokiert, die die geringste gemessene Interferenzleistung aufweisen. Für die Ressourcenallokation wurde der Einfluss verschiedener Parameter auf die Systemperformanz untersucht. Zu diesen gehörten der Zeitpunkt für die Anforderung zusätzlicher Ressourcen der MTs, die maximal akzeptable Interferenzleistung, die Anzahl der angeforderten Ressourcen, die Begrenzung der Anzahl von Ressourcen pro MT und die gesonderte Betrachtung der Intrazellinterferenzen.

Zu Beginn eines MAC-Frames werden die Beams an der Basisstation auf den belegten Ressourcen geschaltet und die Signal-Rausch-Verhältnisse bei den Nutzern ermittelt. Diese werden an die Basisstation zwecks Link-Adaption signalisiert. Darüber hinaus können diese für eine Umverteilung der Ressourcen an die MTs genutzt werden. In dieser Arbeit wurde Utility basiertes Scheduling betrachtet, das sowohl auf Informationen der DLC-Schicht als auch der physikalischen Schicht zurückgreift (Cross-Layer). Für die Utility-Funktion wurde als Zielvorgabe die Datenrate und die Verzögerung definiert und die Systemperformanz analysiert.

Beide Verfahren zeigen vergleichbare Ergebnisse und erzielen einen deutlichen Gewinn gegenüber der festen Ressourcenvergabe.

Insbesondere in städtischer Umgebung zeigen die Resultate eine starke Abhängigkeit von zeitvarianten Kanälen, da hier die Vorhersagbarkeit der Interferenz im Netz stark reduziert ist. Demgegenüber ist ein sehr robustes Verhalten bei ungleichmäßiger Nutzerverteilung zu beobachten. Auch bei variabler Datenrate ist lediglich eine geringe Beeinflussung feststellbar. Das Fazit der Untersuchung ist, dass das vorgeschlagene Systemkonzept ein hohes Potential für zukünftige Funknetze mit geringer Mobilität besitzt.

A Anhang

A.1 Rayleigh-Quotient

Der generalisierte Rayleigh-Quotient $R_{A,B}(\vec{x})$ ist in Gleichung (A-1) definiert

$$R_{A,B}(\vec{x}) = \frac{\vec{x}^* \mathbf{A} \vec{x}}{\vec{x}^* \mathbf{B} \vec{x}}, \tag{A-1}$$

wobei $\vec{x}$ einen beliebigen Vektor im Raum $\mathbb{C}^{n \times 1}$ bezeichnet. Mit der Cholesky-Zerlegung von $\mathbf{B} = \mathbf{D}\mathbf{D}^*$ und den Transformationen $\vec{y} = \mathbf{D}^* \vec{x}$ und $\mathbf{E} = \mathbf{D}^{-1} \mathbf{A} \mathbf{D}^{*-1}$ erhält man den Rayleigh Quotienten $R_E(\vec{y})$.

$$\frac{\vec{x}^* \mathbf{A} \vec{x}}{\vec{x}^* \mathbf{D}\mathbf{D}^* \vec{x}} = \frac{\vec{y}^* \mathbf{D}^{-1} \mathbf{A} \mathbf{D}^{*-1} \vec{y}}{\vec{y}^* \vec{y}} = \frac{\vec{y}^* \mathbf{E} \vec{y}}{\vec{y}^* \vec{y}} = R_E(\vec{y})$$

Für einen beliebigen Vektor $\vec{y} \in \mathbb{C}^{n \times 1}$ und den zu $\mathbf{E}$ zugehörigen Eigenwerten $\mu_1 \leq \cdots \leq \mu_n$ und Eigenvektoren $\vec{u}^1, \cdots, \vec{u}^n$ gilt:

$$\begin{aligned}
\vec{y}^* \mathbf{E} \vec{y} &= \left(\sum_i c_i \vec{u}^i \right)^* \sum_j c_j \mathbf{E} \vec{u}^j = \sum_i \bar{c}_i \vec{u}^{i*} \sum_j c_j \mu_j \vec{u}^j \\
&= \sum_i \mu_i \left| c_i \right|^2 \\
\vec{y}^* \vec{y} &= \sum_i \left| c_i \right|^2
\end{aligned}$$

Für den Rayleigh-Quotienten ergibt sich somit

$$R_E(\vec{y}) = \sum_i \mu_i \frac{\left| c_i \right|^2}{\sum_j \left| c_j \right|^2} = \sum_i \mu_i \alpha_i$$

wobei $\alpha_i \in [0, 1]$ ist. Damit gilt für den Rayleigh-Quotienten die folgende Eigenschaft:

$$\mu_1 \leq R_E(\vec{y}) \leq \mu_n$$

Der größte Eigenwert μ_n maximiert somit den Rayleigh-Quotienten $R_E(\vec{y})$ bzw. $R_{A,B}(\vec{x})$. Mit $\vec{x}_n = \mathbf{D}^{*-1}\vec{u}_n$ ergibt sich der Ausdruck:

$$\begin{aligned} \mathbf{E}\vec{u}_n &= \mu_n \vec{u}_n \\ \mathbf{D}^{-1}\mathbf{A}\mathbf{D}^{*-1}\vec{u}_n &= \mu_n \mathbf{D}^* \vec{x} \\ \mathbf{A}\vec{x}_n &= \mu_n \mathbf{B}\vec{x}_n \end{aligned} \tag{A-2}$$

Abbildungsverzeichnis

Tabellenverzeichnis

Literaturverzeichnis

[3GP07] 3GPP. *Spatial channel model for Multiple Input Multiple Output (MIMO) simulations*. TR 25.996 V7.0.0, 2007.

[AHSB+06] C. Anton-Haro, P. Svedman, M. Bengtsson, A. Alexiou und A. Gameiro. *Cross-Layer Scheduling for Multi-User MIMO Systems*. IEEE Communications Magazine, 44(9): 39–45, 2006.

[AKR+01] M. Andrews, K. Kumaran, K. Ramanan, A. Stolyar, P. Whiting und R. Vijayakumar. *Providing quality of service over a shared wireless link*. IEEE Communications Magazine, 39(2): 150–154, 2001.

[Ala98] S. Alamouti. *A simple transmitter diversity technique for wireless communications*. IEEE Journal on Selected Areas of Communications, 16: 1451–1458, 1998.

[BFR08] D.A. Bui, C. Fellenberg und H. Rohling. Successive bit loading scheme with low complexity. In *13th International OFDM Workshop*, Hamburg, August 2008.

[CCB95] P. S. Chow, J. M. Cioffi und J. A. C. Bingham. *A Practical Discrete Multitone Transceiver Loading Algorithm for Data Transmission over Spectrally Shaped Channels*. IEEE Transactions on Communications, 43: 773–775, 1995.

[FGR11] C. Fellenberg, R. Grünheid und H. Rohling. *OFDM - Concepts for Future Communication Systems*, chapter System Concept for a MIMO-OFDM-Based Self-Organizing Data Transmission Network, pages 180–191. Springer, Signals and Communication Technology, 2011.

[FH96] R. F. H. Fischer und J. B. Huber. A New Loading Algorithm for Discrete Multitone Transmission. In *Proceedings of Global Telecommunications Conference*, London, 1996.

[FR08] C. Fellenberg und H. Rohling. *Spatial Diversity and Channel Coding Gain in a noncoherent MIMO-OFDM transmission system*. Frequenz, Journal of RF-Engineering and Telecommunications, November/Dezember 2008.

[FR09] C. Fellenberg und H. Rohling. *Quadrature Amplitude Modulation for Differential Space-Time Block Codes*. Springer, Wireless Personal Communications, 50: 247–255, Juli 2009.

[FTGR09] C. Fellenberg, A. Tassoudji, R. Grünheid und H. Rohling. QoS aware Scheduling in Combination with Zero-Forcing Beamforming Techniques in MIMO-OFDM based Transmission Systems. In *14th International OFDM Workshop*, Hamburg, September 2009.

[GCR05] R. Grünheid, B. Chen und H. Rohling. Joint Layer Design for an Adaptive OFDM Transmission System. In *IEEE Vehicular Technology Conference*, volume 1, pages 542–546, 2005.

[GMRW03] D. Galda, N. Meier, H. Rohling und M. Weckerle. A System Concept for a Self-Organized Cellular Single Frequency OFDM Network. In *8th International OFDM Workshop*, Hamburg, 2003.

[Grü06] R. Grünheid. *Adaptive Resource Allocation Schemes in MIMO-OFDM based Cellular Communication Systems*. Habilitation, TU Hamburg Harburg, 2006.

[HH89] D. Hughes-Hartogs. Ensemble modem structure for imperfect transmission media, Mai 1989.

[JRV+05] N. Jindal, W. Rhee, S. Vishwanath, S. A. Jafar und A. Goldsmith. *Sum Power Iterative Water-Filling for Multi-Antenna Gaussian Broadcast Channels*. IEEE Transactions on Information Theory, 51(4): 1570–1580, 2005.

[KH05] H. Kim und Y. Han. *A Proportional Fair Scheduling for Multicarrier Transmission Systems*. IEEE Communications Letters, 9(3): 210–212, 2005.

[LK00] A. M. Law und W. D. Kelton. *Simulation Modelling and Analysis.* McGraw-Hill, 2000.

[Mei09] N. Meier. *Zur Ressourcenvergabe in einem selbstorganisierenden zellularen OFDM Mobilfunknetz.* Dissertation, TU Hamburg Harburg, 2009.

[Orf04] S.J. Orfanidis. *Electromagnetic Waves & Antennas.* New York, 2004.

[PS08] J. G. Proakis und M. Salehi. *Digital Communications.* McGraw-Hill, Higher Education, 5. Auflage, 2008.

[RF09] H. Rohling und C. Fellenberg. *Successive Bit Loading Scheme.* IET Journals, Electronics Letters, 45(4): 214–216, 2009.

[RF11] H. Rohling und C. Fellenberg. *OFDM - Concepts for Future Communication Systems,* chapter Successive Bit Loading Concept, pages 90–97. Springer, Signals and Communication Technology, 2011.

[RR06] B. Rodriguez und H. Rohling. A new class of differential space time block codes. In *13th International OFDM Workshop,* Hamburg, August 2006.

[SBO06] R. Stridh, M. Bengtsson und B. Ottersten. *System evaluation of optimal downlink beamforming with congestion control in wireless communication.* IEEE Transactions on Wireless Communications, 5: 743–751, 2006.

[Son05] G. Song. *Cross-Layer Resource Allocation and Scheduling in Wireless Multicarrier Networks.* Dissertation, Georgia Institute of Technology, 2005.

[Sti09] C. Stimming. *Multiple Antenna Concepts in OFDM Transmission Systems.* Dissertation, TU Hamburg Harburg, 2009.

[TJ00] V. Tarokh und H. Jafarkhani. *A differential detection scheme for transmit diversity.* IEEE Journal on Selected Areas in Communications, 18: 1169–1174, 2000.

[VR06] A. Vanaev und H. Rohling. *Design of Amplitude and Phase Modulated Signals for Differential Space-Time Block Codes.* Springer, Wireless Personal Communications, 39: 401–413, 2006.

[WIN05] WINNER. *Final Report on Link Level and System Level Channel Models*. Deliverable D5.4 V.1.4, IST-2003-507581 WINNER, 2005.

[WIN07] WINNER. *WINNER II Channel Models*. Deliverable D1.1.2 V1.1, IST-4-027756 WINNER II, 2007.

[YG05] T. Yoo und A. Goldsmith. Optimality of Zero-Forcing Beamforming with Multiuser Diversity. In *IEEE International Conference on Communications*, volume 1, pages 542–546, Mai 2005.

Lebenslauf

Name	Fellenberg
Vorname	Christian
Geburtsdatum	31.03.1980
Geburtsort	Hamburg
1986 - 1996	Albert-Schweitzer-Schule, Hamburg
1996 - 1999	Technisches Gymnasium (G16), Hamburg
1999 - 2000	Wehrdienst, Luftwaffe, Heide
2000 - 2006	Studium der Elektrotechnik an der TU Hamburg-Harburg Abschluss: Diplom
2006 - 2010	Wissenschaftlicher Mitarbeiter am Institut für Nachrichtentechnik TU Hamburg-Harburg
2011 - heute	Entwicklungsingenieur Rohde & Schwarz, München